普通高等教育“十一五”国家级规划教材

21世纪大学本科计算机专业

国家精品课程教材

计算机组成与体系结构(第3版)实验教程

王 诚 宋佳兴 张改革 李山山 编著

清华大学出版社

北京

内 容 简 介

这是一本实验指导教材，重点讲解 TEC-XP-Ⅱ实验计算机系统的组成、功能、支持的实验项目，并具体地给出了两个 CPU 系统。全书共分 7 章：第 1 章至第 4 章、第 6 章重点针对第一个 CPU 系统进行讲解，包括 TEC-XP-Ⅱ系统的硬件、软件组成概述，几种数字电路、实验计算机用到的关键芯片的实验，脱机的计算机部件、构建计算机整机系统的实验；第 5 章介绍 TEC-XP-Ⅱ的指令系统和汇编语言程序设计；第 7 章介绍第二个 CPU 的组成与设计。书中给出 7 个附录，对计算机硬件系统设计和工程实现做了详细说明。

本书是《计算机组成与体系结构(第 3 版)——基本原理、设计技术与工程实现》(主教材)的配套用书，补充了主教材中不宜过多讲解的计算机设计技术与工程实现方法，对教学的实验目的、实验内容、实验操作步骤以及实验之后应该理解或掌握的知识进行了具体说明。

本书可以作为计算机及相关专业的本科生的实验教材，也可供相关领域的技术人员参考。

图书在版编目(CIP)数据

计算机组成与体系结构(第 3 版)实验教程/王诚等编著. —北京：清华大学出版社，2017 (2024.8重印)
(21 世纪大学本科计算机专业系列教材)
ISBN 978-7-302-47793-8

Ⅰ. ①计… Ⅱ. ①王… Ⅲ. ①计算机体系结构－高等学校－教材 Ⅳ. ①TP303

中国版本图书馆 CIP 数据核字(2017)第 168507 号

责任编辑：张瑞庆　赵晓宁
封面设计：何凤霞
责任校对：梁　毅
责任印制：刘　菲

出版发行：清华大学出版社
网　　址：https://www.tup.com.cn，https://www.wqxuetang.com
地　　址：北京清华大学学研大厦 A 座　　**邮　　编**：100084
社 总 机：010-83470000　　**邮　　购**：010-62786544
投稿与读者服务：010-62776969，c-service@tup.tsinghua.edu.cn
质量反馈：010-62772015，zhiliang@tup.tsinghua.edu.cn
课件下载：https://www.tup.com.cn，010-62795954
印 装 者：天津鑫丰华印务有限公司
经　　销：全国新华书店
开　　本：185mm×260mm　　**印　张**：8　　**字　　数**：195 千字
版　　次：2017 年 10 月第 1 版　　**印　　次**：2024 年 8 月第 3 次印刷
定　　价：25.00 元

产品编号：075225-01

前　言

FOREWORD

本书是《计算机组成与体系结构(第3版)——基本原理、设计技术与工程实现》的配套教材，重点讲解教学实验设备和教学实验项目，并把不宜在主教材过多涉及的部分内容(计算机硬件系统的设计技术与工程实现方法)安排到本书中进行讲解。

教学实验设备 TEC-XP-Ⅱ计算机系统，是 TEC-XP＋的升级版，指令系统典型实用，硬件组成简单清晰，软件配置基本够用，是计算机组成原理课程比较理想的实验设备。该设备实现的功能有所增加，但使用方式和操作界面与此前的产品保持良好的一致性，避免增加授课教师的工作负担，而设计技术和实现手段有了重大改进升级，大幅降低了学生学习和完成实验的难度，主要体现在以下10个方面。

(1) 把硬布线控制器和微程序控制器拆分开来，用两个 ABEL 程序分别描述并独立实现，使描述控制器组成与功能的 ABEL 程序大为精简，使学生更容易看清学懂，使两种类型的控制器实现不再相互搅和，选用哪一种控制器就把哪一种控制器的.jed 文件下载到控制器芯片。

(2) 取消原来在主板上的某些电路，把它们移入控制器芯片中实现，仅把指令寄存器 IR 设置在主板上。减少了所用器件数量，更重要的是确保设备主板上提供的都是核心必要电路，能更清楚地展现计算机功能部件及其相互连接与信息传输关系，有利于教师授课和学生的实验操作。非常明确地把设备主板上的电路区分成核心功能器件和辅助型元器件两大类，强调辅助电路只是用于硬件调试，学生会用即可，不属于计算机组成原理课的教学内容。

(3) 把指令计数器 PC 从运算器部件中移出，设置到控制器芯片中，确保读取指令操作能够在一个步骤中完成，使全部指令都能在2～4个步骤中完成，既易于实现也更为合理。

(4) 在描述 CPLD 芯片内部的电路组成与实现功能方面，选用的是 ABEL-HDL 硬件描述语言，用到的只限于数字电路和逻辑设计的基本知识，外加一点 ABEL 程序结构和语句规则、实现功能的有关规定，容易学懂，方便使用；最重要的变动是在 ABEL 程序中，改用真值表描述每一条指令的每一执行步骤使用的控制信号，使控制器设计中最为烦琐的工作变成只需在真值表中直接编辑这些控制信号，而不再是劳心费力地设计每一位控制信号的逻辑方程，极大地提高了 ABEL 程序的可读性，特别是在真值表的注释部分提供了汇编语句名称、指令在这一步骤执行的功能、标志位维护要求等注释信息之后，可以看清运算器、存储器、串行接口和输入输出设备这几个执行部件，在每一条的每一个执行步骤执行的是什么功能，以及向它们提供什么控制信号才能使其完成各自的功能，把计算机组成原理的核心内容直观清晰地展现出来。

(5) 对控制器的节拍发生器(Timing)、程序计数器(PC)、内存的地址寄存器(AR)、运算器的标志位寄存器(Flag)等时序逻辑电路,在ABEL程序中是通过逻辑方程描述的,即直接使用逻辑方程语句描述这些电路应该在什么条件下接收什么信息,或者在哪些时刻需要送出其输出到哪个部件,简明严谨、直观清楚,特别是为有关语句提供了较为详细的注释信息,在真值表的注释部分又提供了维护和使用这些时序电路的要求之后,使读懂和理解这些逻辑方程语句变得更为轻松。

(6) 在CPLD芯片内可以实现一个16个字的小ROM电路,用于编辑、保存测试程序,确保在监控程序尚不能运行或者尚未接入内存储器的情形下,也能调试控制器或者CPU的部分指令,检查新扩展的指令是否正确运行,这是一项颇有新意、简单有效的调试手段。

(7) 在CPLD芯片内设置用于中断的电路,此时可以通过关闭掉微程序控制器Am2910芯片的电源使其不运行,腾出了它与CPLD芯片进行连接的24个管脚,用于显示中断请求、响应、处理过程中的有关信号,更有利于学生理解中断的运行原理和运行机制。

(8) 为实验计算机设置3种运行方式,即正常方式(程序在内存中)、测试方式(程序在CPLD芯片内的ROM中)、手拨指令方式(指令来自钮子开关),程序既可以连续运行,也可以单步骤运行。可以通过设备主板上的3个功能开关来选择这3种运行方式。

对这3种运行方式中的正常方式未做赘述,测试方式更多地用于调试扩展指令,手拨指令方式在此前的设备中也是有的,但多数人对此认识不足,较少使用,在这一款设备中我们进一步强调了它的功能,进行了必要说明,主要针对的还是硬件设计中的调试问题。

(9) 在设备的主板上加入了3个40管脚的器件插座,可以方便地插接多种型号的双列直插封装、不同管脚数的中小规模集成电路芯片,并能够实现各器件的各个管脚之间的随意连接,成为电子线路和逻辑设计实验的通用平台,给出的实验项目简单,大体对应主教材第2章的教学内容,对此前没有学习过数字电路与逻辑设计课程的同学显得尤为重要。

(10) 在设备主板上设置了6组8位的通用钮子开关,4组8位的通用指示灯,并在计算机部件之间传送信息的主要通路上设置了专用的指示灯和接线插针(孔),能够更方便地支持手工的单个重要芯片的功能实验,芯片之间配合关系的实验,单个部件的功能实验,几个部件之间的连接和组合运行的实验,以及部件拆分和构建整机系统的实验,提供了其他同类实验设备难以实现的实验手段。可以这样说,计算机内部指令的执行步骤、数据存储、信息传送、运算功能和执行结果以及每个步骤用到的控制信号的状态等都可以通过指示灯清楚地看到,在实验计算机系统内部发生的每一点变化、每一项操作及其效果都清楚地显示在实验计算机的主板上,无须通过其他手段将其采集起来并传送到PC的屏幕上进行显示。

与本套教材配套的还有电子版教学课件,重点教学与实验内容的动画演示。这些文件将放置在清华大学出版社的网站,供用户单位随时下载使用。

由于作者水平所限,书中可能有一些不足甚至不当之处,欢迎读者批评指正。

编　者

2017年6月

目　录

CONTENTS

教学计算机主板照片

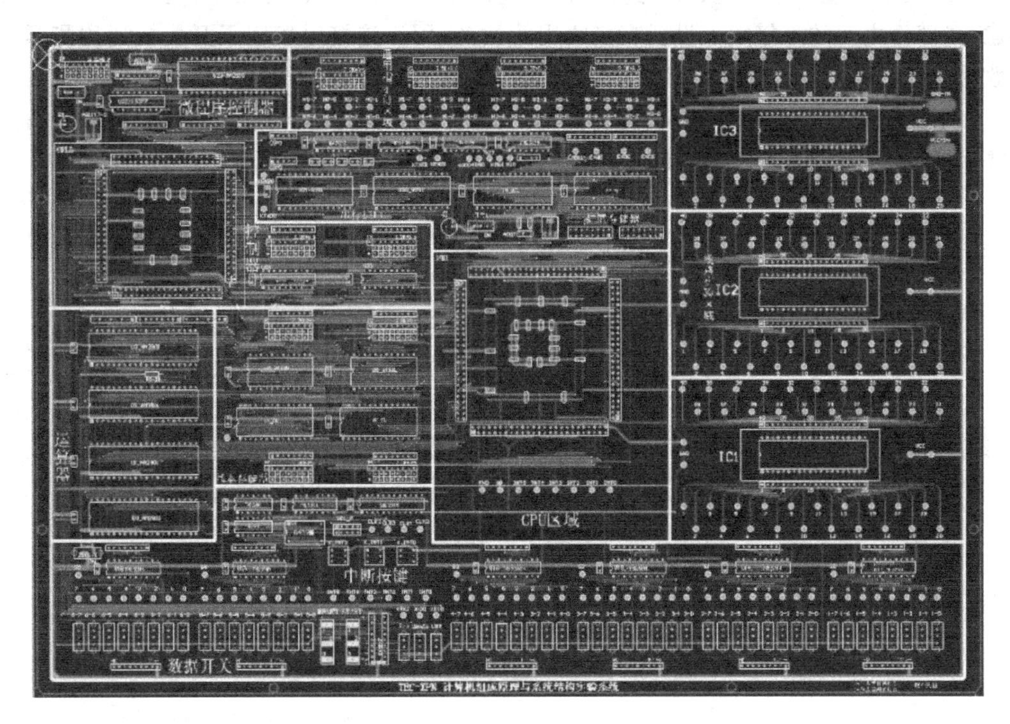

1. 核心部件组成及其元器件布局

教学机核心部件设置在电路板左侧位置，包括以下几个部件。

(1) 第一个系统的控制器(isp MACH、Am2910、2 片 74LS377)和运算器(4 片 Am2901)。

(2) 第二个系统的 CPU(FPGA)。

(3) 两路串行接口(两片 Intel 8251)。

(4) 基本存储器(两片 RAM6116、两片 ROM58C65)和两片扩展存储器芯片。

还用到一片完成电平转换的电路 MAX202 和 3 片译码器(一片 74LS139、两片 74LS138)。

2. 辅助电路组成及其功能简介

(1) 最上侧中间位置设置 4 组 8 位的指示灯，可通过 1 号线或 8 位的排线与其他电路连接，用于显示相应信息内容。

(2) 最下侧设置 6 组 8 位的信息拨入开关，其输出可通过 1 号线或 8 位的排线(有三态控制)连接到其他电路，用于为这些电路提供数据或者控制信号。

(3) 最下侧还设置有 Reset、Start 两个按键，3 个中断按钮，3 个选择系统运行方式的功能开关：单步/连续，指令来自开关/计算机系统，程序来自MACH芯片/内存，效果是3个开关为：X00/X11是正常方式，110是手拨指令，X01是程序来自MACH。在手拨指令方式下能够完成多项操作，可以成为硬件调试的有效手段。

(4) 最右侧设置3个40管脚的IC座，用于支持中小规模芯片电路实验，可插接双列直插封装的多种型号器件，每个管脚都接到1个插针和1个插孔，能实现各个管脚之间任意的连接关系。

电路板上设置有选择是否向相关器件供电的4个电源开关，方便部件拆分和整机系统构建；在部件之间的连接线上设置有接线用的插针，用于连接手拨钮子开关或通用指示灯；为数据总线(DB)、地址总线(AB)、指令寄存器(IR)设置专用指示灯。

在电路板的最左上角位置，设置有显示ALU产生的3个标志位(Cy,Zero,F15)、标志位寄存器(flag_c,flag_z)、3位的节拍编码(t_2,t_1,t_0)的专用指示灯。

第 1 章 TEC-XP-Ⅱ计算机硬软件系统组成、构建与工程实现

1.1 TEC-XP-Ⅱ计算机硬、软件系统的组成概述

完整的计算机系统由硬件和软件两个子系统组成，TEC-XP-Ⅱ计算机同样如此。

TEC-XP-Ⅱ的硬件系统由两个独立的 CPU、6 个芯片的存储器、两路串行接口电路，再通过串口接入 PC 仿真终端组成，包含了计算机传统的全部 5 个功能部件，即控制器部件、运算器部件、主存储器、输入设备(仿真终端的键盘)和输出设备(仿真终端的显示器)。

TEC-XP-Ⅱ的软件系统由监控程序(可理解为教学机的雏形操作系统)、交叉汇编程序、PC 仿真终端程序 Pcec16.com 组成，可使用监控命令操作运行教学机，与日常操作 PC 颇为相似，支持用基本指令代码和汇编语言编程，如果有兴趣，还可以通过再扩展一些指令以支持 BASIC 语言的解释程序(可保存在内存的 ROM 存储区)，使得 TEC-XP-Ⅱ系统具备了计算机硬、软件全部 6 层结构的基本架构，即包括数字逻辑层、微体系结构层(裸机)、指令系统层、监控程序层、汇编语言层和高级语言层。

在系统规划和设计过程中，始终把有效配合课堂授课、更好满足实验要求放在第一位，尽力达到硬件组成简单、体现原理清楚、有利学懂以及简便使用的设计目标。

第一个硬件系统的基本组成如图 1.1 所示，其核心功能使用了 13 片芯片实现。

控制器用一片 isp MACH 和两片 74LS377(用作指令寄存器 IR)实现。

运算器用 4 片 Am2901 实现。

存储器用两片 RAM6116 和两片 ROM58C65 实现。

两路串行接口各用一片 Intel 8251 实现，用于把 PC 仿真终端接入系统。

与此前的产品比较，主要变动表现在把程序计数器 PC 从运算器芯片中移出并设置到控制器芯片中，使读取指令的操作从两个步骤缩减为一个步骤，变得更为合理；把硬连线和微程序两类控制器拆分开来分别实现，使控制器组成更简明、设计实现更方便。

还把节拍发生器 Timing、标志位寄存器 Flag、地址寄存器 AR 也从电路大板上取消，并把它们设置在控制器芯片中，使部件之间连接关系变得更加清晰，相应带来 isp MACH 芯片内部电路设计的重大变化，有利于选用先进的计算机设计技术，更方便修改设计。

本系统采用单总线结构，各功能部件直接连接到这组总线上。

数据总线 DB 用于在部件之间传送数据(指令)信息，要连接到存储器和串行口的数据

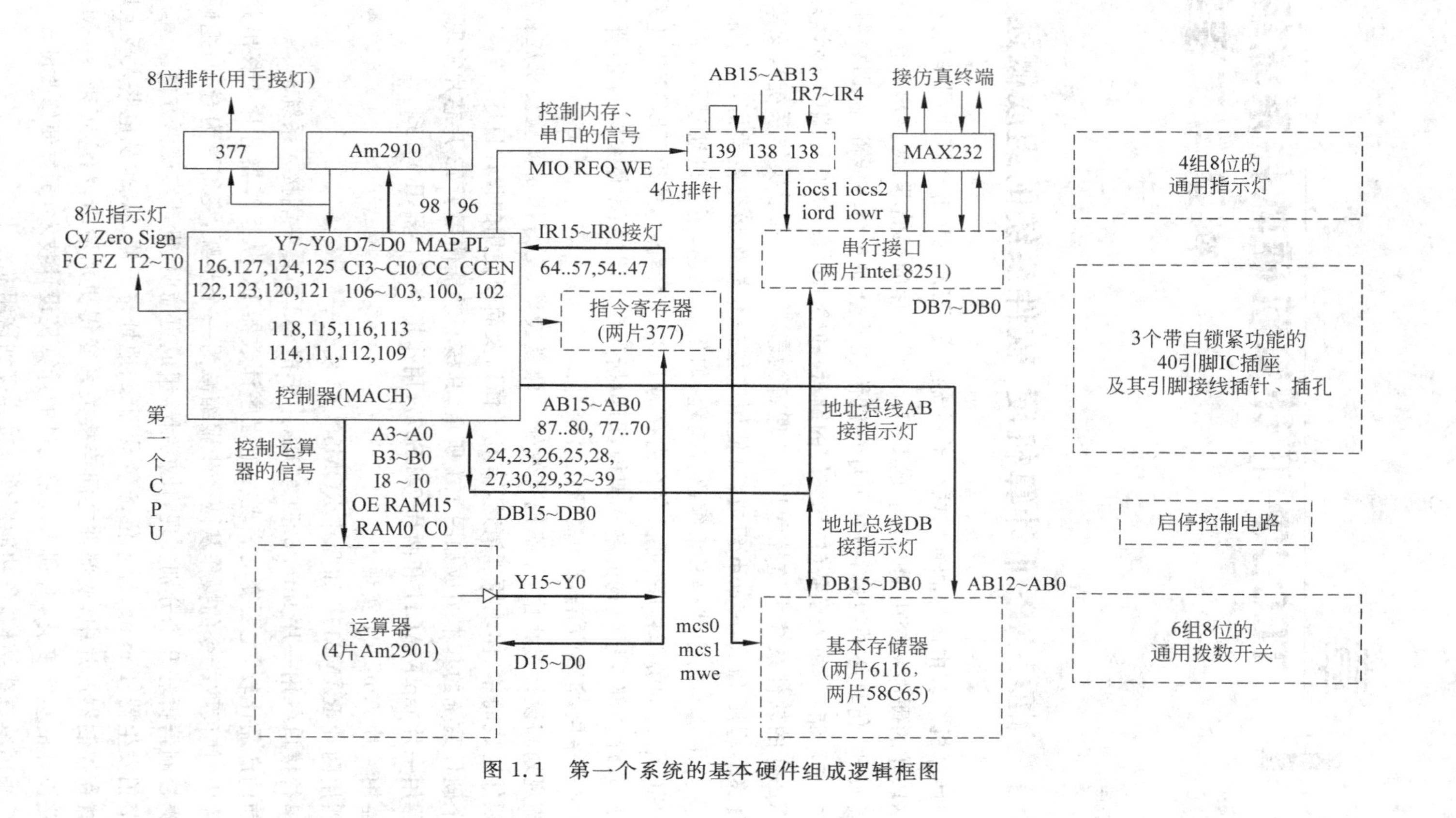

图 1.1 第一个系统的基本硬件组成逻辑框图

线管脚(双向);运算器的数据输入管脚 D 和输出管脚 Y;控制器 isp MACH 芯片的数据输入输出管脚(双向)以及指令寄存器 IR 的数据输入管脚;IR 的输出送到 isp MACH 的 16 个输入管脚。

地址总线 AB 用于在部件之间传送地址信息,由控制器 isp MACH 送出,传送到存储器的地址线管脚。串行接口的端口地址由 IR 的低位字节直接提供。

控制器要产生 24 位的控制信号,其中的 21 位用于运算器,被直接连接到 4 片 Am2901 的相应管脚;另外 3 位用于内存储器和串行接口,作为一片双 2-4 译码器的输入信号,再由这片译码器产生选择内存、串口哪一个可以运行,以及是执行读操作还是写操作的命令信号;还要用另外两片 3-8 译码器分别产生内存芯片、串口芯片的片选信号。

第二个硬件系统的基本组成如图 1.2 所示,其核心功能共使用了 7 片芯片实现。

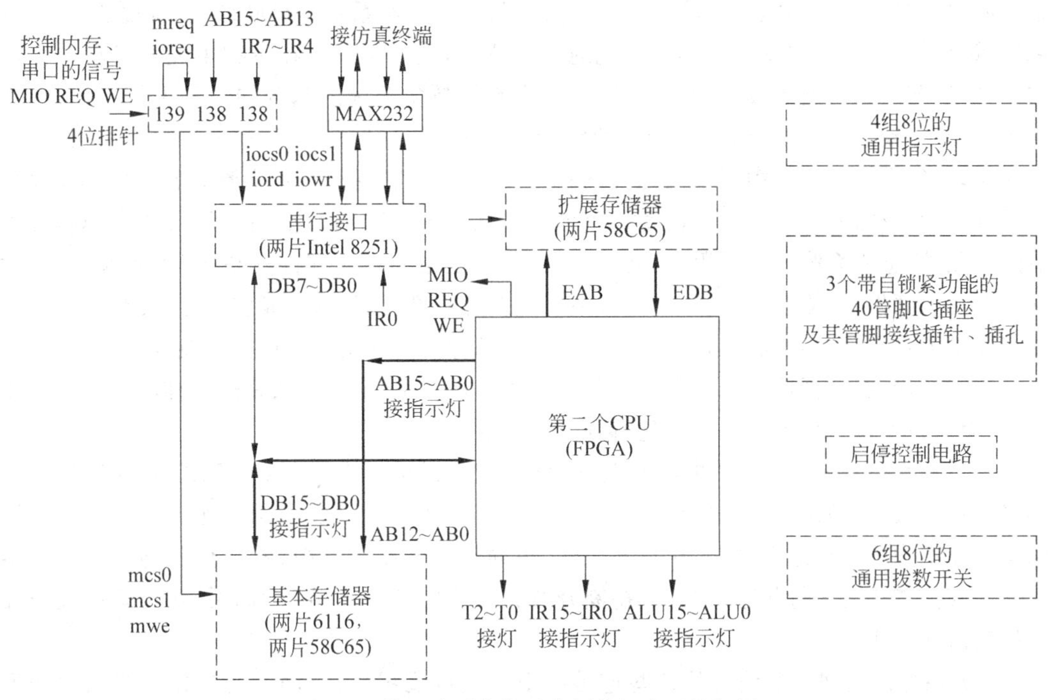

图 1.2　第二个系统的基本硬件组成逻辑框图

CPU 用一片门阵列的 FPGA 芯片实现,选用 VHDL 语言描述其电路组成及其功能。

存储器用两片 RAM6116、两片 ROM58C65 实现(与第一个 CPU 分时使用)。

接口电路用两片 Intel 8251 提供两路串行接口(与第一个 CPU 分时使用)。

部件之间的连接关系:

数据总线 DB 用于在部件之间传送数据信息,连接到基本存储器和串行口的数据线管脚(双向)和实现 CPU 的 FPGA 芯片的数据输入输出管脚(双向)。

地址总线 AB 用于在部件之间传送地址信息,地址信息由 FPGA 芯片送出,并传送到基本存储器的地址线管脚。

此外,FPGA 芯片还通过另一组扩展数据总线 EDB、扩展地址总线 EAB 连接到两片扩展使用的 ROM58C65,可在实现指令流水时用作独立于数据存储器的指令存储器。这两片 ROM 也可作为第 1 个系统的扩展存储区。

该CPU需要产生3位的控制信号并送到3片译码器芯片,再由译码器产生控制内存和串口读写的控制命令和片选信号。

1.2 部件拆分与整机构建设计

通用的计算机和教学用的计算机实验设备的设计目标和实现手段有很大区别。前者追求的最终目标是系统的通用性、尽可能高的性价比、尽可能大的市场占有量,不必关注用户能用此系统可以学懂些什么原理知识,更不愿意把系统设计的关键技术和工程实现的详细内容公布于众。

教学用(如用于"计算机组成原理"课程)的计算机实验设备则恰好相反,它更强调系统组成简单、体现原理清楚、实验功能强大。设计目标是把本系统的组成结构、实现功能、运行原理、设计技术、工程实现等内容尽可能地展示清楚,让学生可以在设备上完成各种验证性实验,扩展与增强功能的设计性实验,帮助学生掌握教学要求的基础知识和设计技术,有助于提高动脑、动手的实践能力。这类实验设备针对性强,受到教学目标与课程学时的制约非常明显,系统设计和实现中更强调原理的基础性和实验的可操作性,实验者看到的不能只限于系统的运行结果(外特性),还需要把重要信息在系统内部的时空关系尽可能直观地展现清楚。此外,整机系统设计过程中,要强调层次化(电路芯片→部件→整机)和模块化(硬件的5个功能部件)的概念,尽量做到硬件系统从芯片到部件、从部件到整机容易组合和拆分,支持关键电路一级的功能和运行控制实验,支持部件一级的功能和运行控制实验,支持部件组合运行实验,要方便按实验要求使用部件构建整机系统,这需要认真规划和精心设计才能做到,为此在设备主板上采用了某些特殊的支持手段。

(1) 在主板上设置了4个电源开关,分别用于选择是否为控制器CPLD芯片和指令寄存器芯片、运算器Am2901、微程序控制器用到的Am2910、FPGA(第二个CPU)芯片提供电源。在不为芯片接通电源时,芯片不工作,等同于它不在系统中,就不会影响与它有连接关系的其他芯片的运行状态,这是支持断开有关部件连接、运行单个部件或组合运行几个部件的最简便方式。

(2) 在部件之间传送信息的某些连接线上设置接线用排针,用于通过排线把它们和手拨开关处的、指示灯处的接线插针组相连接,就能方便地把手拨开关输入信息提供给有关部件,或者把部件的输出信息送到通用指示灯予以显示。

例如,在扩展的数据总线EDB、地址总线EAB,控制器传送控制信息到运算器、内存与接口的传送线,Am2910和MACH芯片之间传送信息的连接线、显示当前微指令地址的377芯片的输出管脚,指令寄存器IR的输出管脚与MACH芯片的连接线等处都需要设置这种8位一组的接线排针,这对单独的部件实验或者构建整机系统的实验都是必要的。与之配合使用的,还在电路板的辅助电路区域设置了8位一组的6组通用的拨数开关和相关电路。还在电路板顶部中间位置设置了8位一组的4组通用指示灯,这些开关或指示灯都可以通过8位的排线或者单根的1号线,实现一次选用8位的1组或者其中的某1位与相关电路进行连接。IR的输入可以来自DB、EDB、通用开关,能够通过8位排线的不同连接完成选择。

(3) 还需要为另外的一些电路配备接线用的排针、显示用的指示灯,如数据总线DB、地址总线AB、指令寄存器IR、节拍电路的编码及标志位。这些信息可能来自不同的部件或电路，并且需要随时查看它们的输出内容，这对观察、了解整机系统运行过程中的执行结果、机器状态、控制信号的控制效果等最为直观便捷，也为调试、查找机器故障提供了最有效的手段。指令寄存器的内容通过IR的指示灯显示；标志位信息和节拍编码通过8位指示灯显示；DB、AB这两组16位的指示灯被充分利用，凡是在部件之间经数据总线传送的信息都可以通过DB的指示灯予以显示，运算器的计算机结果也可以通过DB的指示灯予以显示；AB的指示灯只在需要时显示内存地址信息，其他时刻则显示程序计数器PC的内容。

对扩展的数据总线EDB还需要设置双排的接线插针，其中一排用于连接开关，写操作时接收开关的拨入信息，另一排用于接指示灯，显示读操作时的读出信息。

构建整机系统所需要的部件连接关系已经实现，无须另外连线。

1.3 控制器部件的设计技术和实现方法

在规划、设计这台教学计算机的实验功能和实现手段的过程中，确实动了一番脑筋，既要与此前的几款产品保持良好的硬、软件兼容，又要在硬件设计技术和实现手段方面有重大提升，最重要的是使其电路组成更简单、体现原理更清楚、实验手段和操作方法更容易掌握，尽量做到绝大多数同学都能学懂并能比较顺利地完成各项教学实验。

在确定了教学计算机整机系统硬件的组成方案之后，剩余工作主要集中在以下3个部分。

① 确定指令格式、基本指令系统和划分指令执行步骤。这属于计算机组成原理课程的重点教学内容，要做到与此前产品的软件兼容，并能用一个步骤完成读取指令的操作，更接近真实计算机运行的实际情形。

② 确定设置在CPLD芯片之外的电路(主要是运算器、存储器、串行接口这几个有关芯片)使用的控制信号，要求这些控制信号的个数要尽量少，控制作用清楚并且容易理解。

③ 确定在CPLD芯片内部实现的电路及其组成，以及这些电路各自分担的功能，这是硬连线方案控制器设计的核心工作。此前多次说到，该控制器的4个子部件中，已经把指令寄存器IR设置在CPLD芯片外，另外3个子部件(包括程序计数器PC、节拍发生器Timing、控制信号产生部件CU)需要在CPLD芯片内部实现。控制器的这种电路组成足够简单，4部分电路之间的连接关系简洁清晰，并且与常规计算机中控制器的基本组成非常相似，更有利于展示清楚控制器的基本组成原理与运行机制。为此需要在芯片内设置专用于计算指令地址的加法器ADDER，还可以把暂存程序断点的寄存器NPC、内存用到的地址寄存器AR、记忆运算器标志信息的Flag电路、中断实验用到的电路也一并纳入到CPLD芯片内实现，更有利于简化电路板上器件布局和电路板布线。

为了在扩展指令实验的过程中方便调试，还可以在芯片内补充实现一个由16个字组成的ROM电路，专用于保存由指令代码组成的很小的调试程序，这很有特色。

CPLD芯片内部电路组成的逻辑框图如图1.3所示。

为了描述CPLD芯片内部的电路组成及其功能，可以选择ABEL-HDL硬件描述语言，这里只用到数字电路和逻辑设计的入门性技术，以及ABEL程序结构及语句规则的基础知识，比较容易学懂和使用，再结合提供的一些程序实例，确保大多数同学都可以使用ABEL

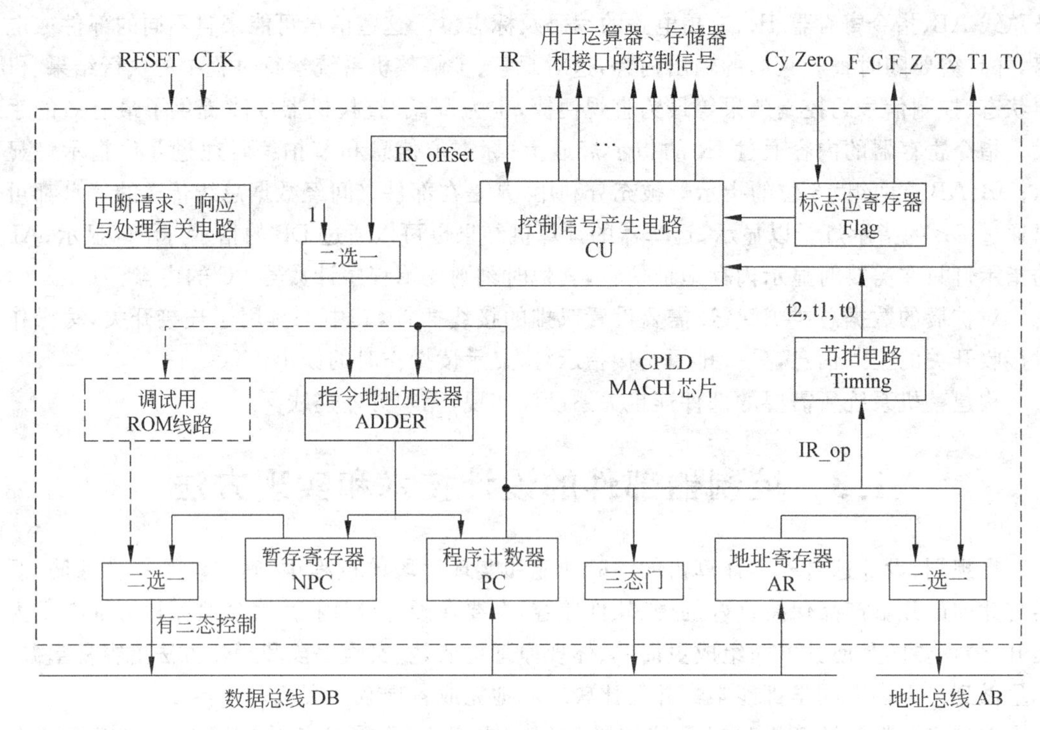

图 1.3 CPLD 芯片内部的电路逻辑框图

语言完成计算机硬件设计与实现的教学实验。设想是：首先提供设计、实现 4 条典型指令的 ABEL 程序(程序中给出了足够详细的注释)，作为教师授课和学生学习的实例，要求在此基础上，学生随着课程进展，分 3 次分别扩展实现如下指令。

在 CPU 内部执行的另外 3 条指令(SUB、SHR、JRNC)。

在主机系统中执行的读写内存的两条指令(LDRR、STRR)。

在整机系统中执行输入输出的两条指令(IN、OUT)，从而得到一个由 11 条指令构成的最小指令集系统，之后能够使用这几条指令来设计二进制代码程序，并控制教学机整机系统各个部件正常运行，完成不同的运算、存储和输入输出功能。

描述实现这 11 条指令的 ABEL 语言程序大约 90 行，真正有点技术含量的不超过 50 行，描述实现全部 30 条基本指令的 ABEL 程序也只有 150 行，使用的不过六七种最基本的 ABEL 语句。初步推断，这些实验虽然不难完成，但学生会有较大收获，在认知计算机系统构成和提升硬件动手能力两个方面得到全面提升。

对 CPLD 芯片内部两类不同类型的电路将选用不同的方式进行描述。

(1) 对 CPLD 芯片内部的时序逻辑电路(包括 PC、Timing、AR、Flag、Npc)的功能，选用逻辑方程语句进行描述，就是根据这些电路需要在哪一条指令(依据指令操作码)的哪一个执行步骤(依据节拍发生器编码)接收从哪里传送给它的信息或者需要送出信息到何处(哪个电路)，来写出相应的逻辑方程式，这最为简捷和直观，到提供的 ABEL 程序例子中可以看得很清楚，在此不予赘述。

(2) 对 CPLD 芯片内部的组合逻辑电路(主要是 CU 电路)，选用真值表进行描述，就是依据哪一条指令(依据指令操作码)的哪一个执行步骤(依据节拍发生器编码)来产生用于运算器、存储器和串行接口的控制信号，即填写真值表中每一行16个控制信号的取值，工作变得较为简单轻松，无须设计者花费大量的时间和精力去写每一个控制信号的逻辑方程，而是把这项工作改由系统工具软件来完成，设计者可随时查看这些软件生成的逻辑方程，这对找出并改正ABEL程序中的设计错误很有帮助。

(3) 对微程序控制器的设计实现做出重要改进，一是通过不同的工程项目把两种类型的控制器划分开来单独实现，使两种控制器各自使用自己独立的ABEL程序，不再彼此互扰；二是在充分继承已有的硬连线方案控制器设计结果的基础上，通过在ABEL程序中增加一部分说明语句和两个真值表来实现微程序控制器，大大降低了微程序控制器设计和实验的难度。

在选择两种控制器的实现方案时，已确定指令每一个步骤的执行功能都可以在一个时钟周期中完成，这对于简化硬件系统设计、突出简单计算机基本组成的原理知识、简化实验操作都非常有利。

关于授课和实验安排，建议要以一种类型的控制器为主完成教学实验，可能选择硬连线方案的控制器为主更容易一些，再简单介绍微程序控制器中的基本概念、组成和运行原理等内容，也可以考虑在讲课之后少花一点儿时间，让学生使用和操作一下选用微程序控制器构建的整机系统，教学效果可能更好。

第 2 章 电子线路实验

这部分内容是入门性的半导体器件的使用和最简单的线路设计实验，用于帮助那些尚未学习过数字电路与逻辑设计的学生初步了解一些必要的概念，学到一些科普性的基础知识，如果完全没有这些概念和知识，将没有办法学懂计算机组成这门课程。

数字电路是实现计算机硬件系统的基础。最基本的数字电路有与门、或门和非门，使用这 3 种门电路可以设计、实现功能简单到功能复杂的数字电路系统。数字系统处理的对象是二进制的信息，设计数字系统用到的数学工具是逻辑代数，它只能处理仅有两个值(真、假，或者 1、0)的逻辑型信息。逻辑代数最重要的运算功能是与、或、非 3 种，而数字电路的与门、或门、非门实现的功能正好体现出逻辑代数中与、或、非 3 种运算结果。当然不能总是只使用这 3 种基本门电路来设计各种功能的数字系统，很多厂家已经提供了具有一定功能的半导体器件，选用这些器件来搭建数字电路系统更为简便和现实可行。数字电路包括组合逻辑电路和时序电路两大类，组合逻辑电路的输出信号的值直接决定于当时的输入信号，时序电路有记忆功能，它的输出不仅与当前的输入信号有关，而且还与之前的操作结果有关。

下面给出的实验内容是试用不同功能的几种器件，验证性内容多一些，再做一部分入门性的设计实验，让实验人员初步找到数字系统设计工作的感觉，在内行者看来，这些实验过于简单，对于尚未入门的人员来说，可能成为学习计算机组成课程的代价最小的敲门砖，更多的知识需要随着课程的进展逐渐积累。

开展这些实验还有一个目的，就是希望让学生首先有一些数字电路的基本知识，了解几个简单的半导体器件及其功能和使用方法，为下一步使用 ABEL-HDL 硬件描述语言描述即将设计的实验计算机系统做必要准备，在阅读或者设计描述实验计算机系统的 ABEL 语言程序时，能够有意识地找出本次实验中使用的器件及其功能的影子，会用到本次实验中讲解到的许多概念和知识，有助于初步想明白 ABEL 程序中描述的是硬件电路而不是软件算法，大家看到的就不再是陌生枯燥、干干巴巴的几个语句。本章也会在 ABEL 语言的程序中给出更多清晰的注释，引导大家及早走出软件算法设计的思维模式，尽快地适应使用硬件描述语言设计数字电路系统的基本规则和具体方法。

另外一些功能更复杂、直接用于构建计算机核心部件的芯片(例如，运算器芯片 Am2901，存储器芯片 RAM6116、ROM58C65，串行接口芯片 Intel 8251，用于实现控制器、现场可编程的高集成度的 MACH 芯片)的实验不在本章讲解，而是直接安排在第 3 章完成，这部分内容属于计算机组成原理课程的重点教学要求之一。

2.1 反相器 SN74LS04 和与非门 SN74LS00 的实验

1. 器件简介

SN74LS04 内含 6 个非门(通常称为反相器),SN74LS00 内含 4 个 2 输入的与非门(可理解为由与门和非门组成),是集成度很小、功能最简单的半导体器件,有 14 个管脚,其中管脚 14(V_{CC})接直流 5V 电源,管脚 7(GND)接地(0V),其他 12 个管脚是输入输出管脚,如图 2.1(a)和图 2.1(b)所示。

SN74LS04 有 6 个输入管脚和 6 个输出管脚,一个输入管脚 A 对应一个输出管脚 Y,输入与输出之间的逻辑关系是相位相反(故称反相器),输入为高(低)电平时,输出必为低(高)电平,表示为 $Y=/A$(此处的 / 代表逻辑求反功能)。

SN74LS00 有 4 组 2 位输入和 1 位输出的电路,每 2 位输入管脚(如 1A、1B)对应 1 位输出管脚(如 1Y),输入与输出之间的逻辑关系是与非,可表示为 $Y=/(A \cdot B)$(此处的 · 代表逻辑与运算功能)。

2. 实验内容

观察器件接通、断开电源与地线的两种情况下器件的运行状态。

观察门电路输入与输出信号之间的逻辑关系,通常情况下,测量高、低信号的电平范围大约是多少(是一个范围,而不是一个精准的值)。

测量门电路空闲输入管脚的电平,观察空闲输入管脚对输出的影响。

允许同一个信号连接到多个输入管脚。例如,可以把一个器件的输出连接到另一个器件的输入,两者之间是协同运行关系,用多个器件组建功能更复杂的数字电路系统,需要处理好器件之间的连接关系,输出管脚之间不允许直接连接。

把两个与非门串行连接起来,观察电路最终的输入与输出信号的关系。

用一个与非门和一个非门实现与门功能。

用 3 个与非门实现与-或门的功能,接线关系已经在图 2.1 中给出。

用 3 个与非门和一个非门实现与-或-非门的功能,接线关系已经在图 2.1 中给出。

在图 2.1 中还给出了最后搭建的 3 个电路的逻辑方程式。

选用两个与非门电路的交叉耦合方式构成一个触发器电路(图 2.1),即两个与非门都把自己的输出连接到另一个与非门的一个输入管脚,另一个输入管脚暂时悬空,则两个与非门的输出一定是一个(如 G 称为 1 输出端)为高电平,另一个(可表示为 $/G$,称为 0 输出端)必定为低电平,或者 G 为低则 $/G$ 必定为高,两者总是相反(故管脚信号可以用 G 和 $/G$ 表示),这一电路被称为 R-S 触发器。之后把两个空闲输入管脚(/S、/R)分别接到一个开关,就可以通过拨动开关改变触发器的状态,若原来触发器的输出 G 为低电平,通过开关使 /S 为低电平,就会使 G 变为高电平($/G$ 随之变为低电平),这被称为触发器的写 1 操作,之后再改变开关状态使 /S 变为高电平时,G(和 $/G$)的状态都保持不变,这表明触发器有记忆功能。此时再要改变触发器状态,只能通过向 /R 提供低电平信号,才能使 $/G$ 变为高(随之 G 变为低电平),这被称为触发器的写 0 操作。触发器属于时序电路,其输出信号取决于当前输入和此前触发器的状态。R-S 触发器工作于电平触发方式,即其触发输入是一个低电平

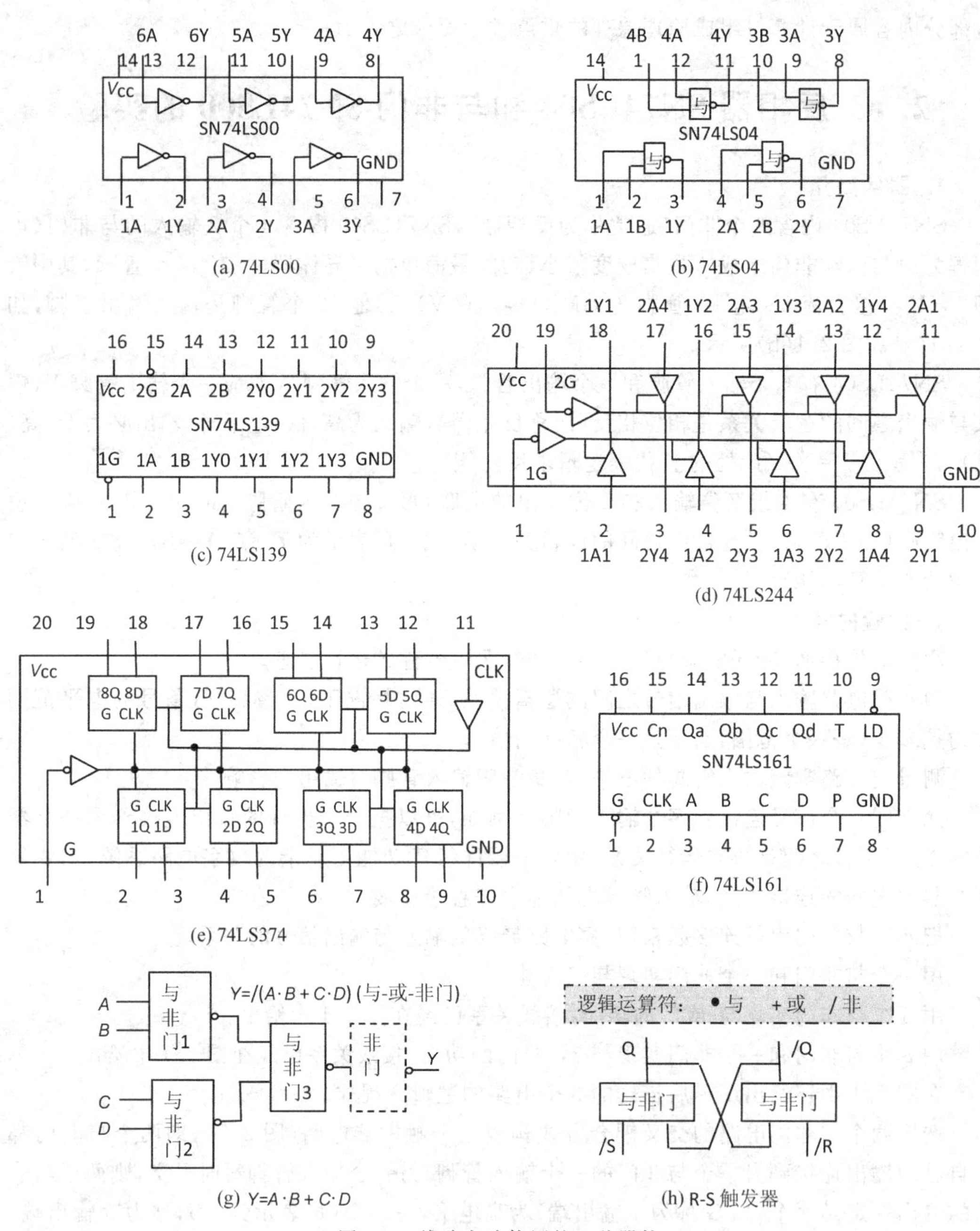

(a) 74LS00

(b) 74LS04

(c) 74LS139

(d) 74LS244

(e) 74LS374

(f) 74LS161

(g) $Y=A\cdot B+C\cdot D$

(h) R-S 触发器

图 2.1 线路实验使用的 6 种器件

的输入信号。

通过实际操作实现这一触发器,并完成向触发器的写 1 和写 0 操作。

3. 实验过程和操作方法

实验芯片要插接到带有自锁紧功能(器件更易插拔)的器件插座上,器件的方向不能插错,即器件封装上的文字应该正立,不能颠倒朝向下方,此时器件的管脚编号从左下角逆时针数起是 1、2、3……的顺序计数关系,直到最左上角。器件插座的 40 个管脚的编号也是如此。插上器件后,芯片的每个管脚都已经连接到插座的一个接线插孔和一个接线插针,方便不同器件的管脚之间实现连接；实验是通过向芯片提供不同的输入信号，观察芯片输出的方式进行的。

芯片的输入信号用开关提供，输出信号可通过指示灯显示，也可用数字万用表测量，为此需要进行必要的接线操作；提供输入信号的钮子开关向上拨输出为高电平，向下拨则输出为低电平。

显示信号状态的每个通用指示灯的输入管脚都连接到一个接线插孔和一个接线插针，方便与不同器件的管脚实现连接；向指示灯的输入管脚提供高电平信号时指示灯会亮，提供低电平信号时则指示灯不亮。

4. 实验中应该观察到的结果

若不向器件提供5V电源和接地信号，芯片不会运行，等同于系统中不存在这个芯片；仅在5V电源和地线都正确接通之后，器件才可能提供规定的逻辑功能。

器件的输入管脚悬空（未接输入信号），逻辑上等同于输入为高电平，若用电表测量这个悬空管脚，其电平为一点几伏，如1.9V。器件上的输入管脚悬空是不好的做法。

SN74LS04实现的是反相功能，输出信号总是与输入信号的状态相反；两个反相器串行连接起来，第二个芯片的输出与第一个芯片输入总是相同的，说明反相之后再反相的信号与输入信号相同，这是逻辑学中的否定之否定，类似于数学中的负负为正的道理。

SN74LS00实现的是与非功能，可以理解为两个输入信号实现与功能之后再经过反相后才送到输出管脚。

R-S触发器采用的是电平触发。但这里出现一个问题，若通过同一个开关（或两个不同的开关）同时向触发器的两个输入都提供低电平信号，则触发器的两个输出会同时变为高电平（这不符合触发器运行规则），当恢复两个输入为高电平之后，触发器的状态是不确定的，属于必须防止出现的操作。

为解决此问题，可以把触发器的两个分开的输入信号改变成一个互补的输入信号，就构成了锁存器，这需要用到与或非门电路，而不能只使用与非门来实现这一功能电路。市场上有各种型号的锁存器器件，很容易买到。

2.2 译码器SN74LS139器件和三态门SN74LS244器件的实验

1. 器件简介

SN74LS139、SN74LS244分别是译码器和三态门电路，很常用。

SN74LS139内含两个独立的2-4译码器，16个管脚，管脚16是V_{CC}，管脚8是GND，其余14个管脚用于输入与输出，见图2.1(c)。其功能是使用2位输入信号的4种组合状态来区别互斥（只能是4种情况中的一种）的4种情况，区分结果用器件的4位的输出信号来表示，当然，4种情况均未出现也要照顾到。每个译码器有两个输入管脚A和B，4个输出管脚$Y_0 \sim Y_3$（输出为低电平有效），当B、A信号为00、01、10、11组合时，输出$Y_0 \sim Y_3$分别为0111、1011、1101和1110，即只有一个输出为低电平，其余3个为高电平。译码器是否要执行译码操作，还受一个低电平有效的信号G控制，$G=0$时才译码，$G=1$则不执行译码，4个输出全为高电平，表明选择的是禁止译码器执行译码。

SN74LS244 内含 2 路 4 位的三态门,20 个管脚,管脚 20 是 V_{CC},管脚 10 是 GND,其余 18 个管脚用于输入与输出,见图 2.1(d)。2 路 4 位的三态门都有 4 个输入和 4 个输出,每路各受一个低电平有效的信号 G(分别是管脚 1 和管脚 19)的控制,使输出有不同状态,或者是正常电平($G=0$ 时,等于输入信号的值),或者与输入信号无关($G=1$ 时),此时其输出管脚既不是低电平也不是高电平,而是处于高阻态,从电路上讲,相当于一个很大的电阻,从逻辑功能上看,相当于这个器件的输出与连接它的电路断开连接,从而不再影响其他电路的运行功能。这特别适用于构建计算机中的总线(BUS)电路。请注意,三态门的输出有 3 种状态,即高电平、低电平、高阻态,故称其为三态门。

2. 实验内容

了解并观察 74LS139 译码器的功能,要特别关注 G 信号的控制作用。

设计并实现用 74LS139 译码器仿真一个 3-8 译码器(3 个输入、8 个输出)的功能。

了解并观察 74LS244 三态门的功能,要特别关注 G 信号的控制作用;并用一片 244 芯片实现一个 8 位数据并行工作的三态门电路。

用 74LS244 实现一个 4 位数据的 2 路选择器电路,即在任何时刻只能有一路的 4 位数据送出,重点理解两个三态门电路的输出是允许连接在一起的,但需要处理好它们的控制信号 G 的关系;此时选用一个反相器来提供 74LS244 的两个 G 信号是更为合理的方案,防止出现把 2 路数据同时输出的错误。

用两片 74LS244 实现一个 4 位数据的 4 路选择器功能。此时选用一个 2-4 译码器来提供两个 74LS244 的 4 个 G 信号是更为合理的方案。可以只实现方案设计,而不必真的做出来,因为这项实验涉及的接线较多,而学到的原理知识与实现一个 2 路的 4 位数据的选择器非常接近,只是多用了一片 74LS244,并把一个反相器更换成一个 2-4 译码器。要特别强调,选用 4 个开关提供 4 个 G 信号是不可取的,它难以确保任何时刻只有一路数据送到输出。

3. 实验过程和操作方法

实验芯片要插接到器件插座,输入信号要通过钮子开关提供,输出结果可以通过指示灯查看(也可以通过数字万用表测量输出结果的电平),此时需要完成必要的接线操作。若涉及器件管脚之间的连接关系,可通过 1 号线直接连接相应的器件管脚。

(1) 把一个 139 芯片插到器件插座上,连接两个钮子开关的输出到 139 芯片两个输入管脚,连接一个钮子开关的输出到芯片的 G 管脚,连接芯片的 4 个输出管脚到 4 个通用指示灯。之后变动 3 个开关的状态,观察 4 个指示灯的显示内容,检查该器件的运行功能是否正确。用这个办法可以分别检查 139 芯片中的两个 2-4 译码器是否都正确运行。

(2) 在前一项实验的基础上,再把一个反相器电路插到器件插座,并使用一个控制开关来提供反相器的输入信号,操作得当,就可以使 139 芯片完成 3-8 译码器的功能。此时需要把反相器的输入和输出分别接到 139 芯片中的两个 G 管脚,并使用相同的两个数据开关为两个 2-4 译码器提供输入信号,从而用控制开关和两个数据开关共同形成译码器的 3 位输入,8 位的译码结果就可以通过 8 位指示灯显示出来。实现的道理并不难理解,开关向上拨,一个译码器正常译码,输出是 4 位的译码结果(有一位是低电平,另外 3 位是高电平),另一个译码器不能译码,4 位的输出都是高电平;开关向下拨,情况则相反,工作和不工作的译码器换了过来。这只是从道理上说说,帮助大家了解译码器的运行原理和使用办法,实际工作中肯定没有人愿意这样做，因为直接用型号为SN74LS138的3-8译码器来得更简单。

(3) 把一个244芯片插到器件插座上，连接8个钮子开关的输出到244芯片8个输入管脚，连接两个钮子开关的输出到芯片的两个G管脚，连接芯片的8个输出管脚到8个通用指示灯。拨动一个控制开关改变芯片的G信号，拨动4个数据开关改变芯片的4位输入数据，观察对应4个输出管脚的4个指示灯的显示内容，检查该器件的一路4位数据的入出功能是否正确，三态控制是否起作用，为执行正常入出，G信号应该是高电平还是低电平。之后再用同样的办法检查另外一路的4位数据的入出功能是否正确。

(4) 在前一项实验的基础上，把244芯片的两个G管脚连接在一起，并通过一个开关来提供这个控制信号，检查此时是否是8位数据都能同时执行输入与输出。

4. 实验中应该观察到的结果

最常用的译码器有双2-4译码器和3-8译码器，它的功能是用少数几位(如n)信号的编码值来区分互斥的多种(2^n)情形，即在正常情况下，能从这多种情形中区分出遇到的是其中的哪一种情形，并通过一个输出管脚为低(高)电平、其他输出管脚都为高(低)电平的方式表现出来，这在计算机系统中是经常用到的逻辑功能。

三态门器件的输出有3个状态，即高电平、低电平或高阻态。高、低电平是电路的正常运行结果，而高阻态则是电路没有工作的一种表现，其效果等同于它和相连接的线路断开连接。为此，三态门电路需要使用一个特定的控制信号G，来控制三态门是否运行。例如，当G信号为低电平时，器件的输出信号等于输入信号，G为高电平时输出为高阻态，与输入信号无关。三态门经常被用于构建计算机中的总线，或者需要用G信号控制，使器件的输出可以与某个电路随时接通或者断开连接，此处它体现出一个电子开关的作用。

两个都是三态门的器件的输出管脚可以直接连接到一起，但需要正确地处理两个器件的控制信号G，确保一个器件输出为正常电平时另一个器件的输出为高阻态，绝对不允许两个器件的输出同时为正常电平，这是选用244芯片构建2路4位数据选择器的原理。

2.3 寄存器器件SN74LS377、SN74LS374芯片的实验

1. 器件简介

寄存器是用于保存数据、指令、地址等信息的时序逻辑电路，教学实验设备中使用最多的是由8位D型触发器组成的寄存器，型号为SN74LS377、SN74LS374的寄存器就很常用，这类寄存器的位数适中，适合用在8位字长或者16位字长的计算机中。这两个型号的寄存器器件有20个管脚，管脚20是V_{CC}，管脚10是GND，见图2.1(e)。其余18个管脚用于输入与输出，包括8个输入管脚、8个输出管脚，管脚13用于接时钟脉冲CLK，管脚1用于特定的功能控制。

SN74LS377的管脚1用于控制器件是否能接收输入，称其为输入使能控制，适合用于依照一定条件接收输入信息、在条件不成立时器件的内容要保持不变的场合，在计算机系统中，使用这种功能的寄存器的场合最多，如程序计数器、指令寄存器、地址寄存器以及接口芯片中的各种用途的寄存器等，都是按照这个要求运行的。寄存器还可以用于实现数据的左右移位、不同方案的计数等功能。

SN74LS374器件的管脚1用于控制输出是否为三态，称其为输出使能控制，可见这个

器件的输出是经过三态门送出的,适合用于向总线提供输入数据(或功能类似)的场合,但不能选择器件是否接收输入数据,每次时钟信号来了,器件必定要接收输入数据。

2. 实验内容

使用377器件接收钮子开关提供的输入数据,体会如何控制该器件接收或不接收输入。

实现377器件内容的左(右)移位功能。

找到为377器件的输出增加三态控制的方案。

使用374器件接收钮子开关提供的输入数据,体会如何控制该器件的输出为正常电平或高阻态。

找到为374器件增加输入使能控制的方案。

找到用374器件和244器件向总线发送数据的方案,并通过一组指示灯显示总线信息,需要解决的问题是,在任何时刻只能有一路信息送到总线,不允许两路信息同时送到总线;如果两路信息都不送,总线将会处于悬空状态(高阻态),对系统的稳定性有负面影响。

3. 实验过程和操作方法

(1) 试用377器件的实验。

把377器件插接到器件插座,为器件接通电源和地线;把时钟脉冲连接到377的11脚。

把一组8位的钮子开关的输出接到377器件的输入管脚,把一组8位的指示灯连接到377器件的输出管脚,把一个控制开关的输出连接到377器件的G管脚。

使实验计算机系统处于单步运行方式,控制开关向下拨,即向G送出低电平信号。

通过拨动开关向377器件提供输入数据,按一下设备主板上的start按键,数据将被保存到寄存器,指示灯会显示寄存器保存的内容。拨入另一个数据,在按start按键之前,寄存器内容不变,按一下start按键,指示灯才会显示新拨入的数据内容。

若改变控制开关为向上拨,即向G送出高电平信号,寄存器将不能接收输入数据,此时不管开关如何变化,在按不按start按键时指示灯显示的内容都不会变化。

(2) 试用374器件的实验。

从器件插座上把377器件取下来,更换成374器件,则在不改变接线的情况下,就可以开始进行试用374器件的实验。

当控制开关向下拨时,将向器件的G管脚送出低电平信号。

通过数据开关向374器件送写入数据,按一下start按键,指示灯会立即显示该数据的内容,表明开关所拨的数据已经写入寄存器。若改变控制开关使G变为高电平,则指示灯立即熄灭,因为此时寄存器的输出已经处于高阻状态。此时再向374拨入新的数据,按一下start按键,数据会被接收到寄存器中,但指示灯仍无任何显示,因为寄存器的输出仍为高阻态。当把控制开关改变为向下拨时,指示灯会立即显示最新拨入的数据内容,表明新数据已经写入寄存器。结论:374器件具有输出使能控制,但不能控制其是否接收输入。

(3) 若需要为374器件增加输入使能控制,可以通过是否为其提供时钟脉冲的办法来解决,即把时钟脉冲接到与门的一个输入端,与门的另一个输入端接一个控制信号K,与门的输出连接到374的管脚11,当控制信号K为高电平时,脉冲信号能通过与门传送到374器件,可以启动器件的接收操作,当K为低电平时,就封住了脉冲信号,不会有脉冲送到374,就不能启动器件的接收功能。

(4) 使用377器件完成数据移位功能。

使用寄存器完成数据左右移位是经常用到的功能，若把377寄存器各低一位的输出都连接到它的相邻高位的输入，就可以实现数据左移一位的功能，在实用中，有时还需要从外部电路向寄存器的最低一位送入一个信息，最高一位的输出还可以保存到另外的电路中。

当把寄存器各高一位的输出都连接到它的相邻低位的输入时，就可以实现数据右移一位功能，在实用中，有时需要从外部电路向寄存器的最高一位送入一个信息，最低一位的输出还可以保存到另外的电路中。

左右移位的实验需要进行前面刚刚说到的高低位之间的接线操作，在实验设备处于单步方式时，寄存器每接收到一个脉冲(按一次start按键)就完成一次数据移位。

(5) 使用374和244器件构建总线的实验。

把374器件和244器件插接到器件插座，为两个器件接通电源和地线。

把两组8位的钮子开关的输出接到两个器件的输入管脚，把两个器件的8个输出管脚一一对应地连接起来，再连接到一组8位的指示灯。在这个接线过程中，要注意每一位输入或者输出管脚、开关、指示灯的高低位排列关系，不能接错。

把SN74LS04(6反相器电路)插接到器件插座，为器件接通电源和地线。

把244器件的两个G管脚端连接起来，再连接到一位钮子开关，该开关还需要链接到一个反相器的输入管脚，反相器的输出再连接到374器件的G管脚，以确保提供给244和377器件的控制信号G总是一个为高、另一个为低，避免出现两路数据同时送到总线的错误。

(6) 把374器件的输出经过244芯片输出，就可以为其增加输出使能功能。此时需要把377器件的8位输出连接到244器件的8位输入，把8位指示灯接到244器件的8个输出管脚，还得把244芯片的两个G管脚连接起来，再连接到一个钮子开关，用于提供三态控制。

4. 实验中应该观察到的结果

通过前面的实验已经看到，触发器有电平触发的R-S触发器和脉冲边沿触发的D型触发器两类，用多位的D型触发器可以构成寄存器，用于保存数据、实现数据移位、实现数据计数等功能，在计算机系统中，这种寄存器使用相当普遍，需要重点关注。请注意，D寄存器电路的每一位自己在接收输入的同时，还可以把自己的输出无误地传送给其他电路。

运行由D触发器构成的寄存器时，必须向寄存器提供时钟脉冲，寄存器的内容变化(接收输入、执行移位、完成计数等)都是用时钟脉冲的上升沿触发的，称为边沿触发方式。

寄存器可以有输入使能控制，方便指定寄存器的接收条件，在不需要接收输入时，寄存器的内容应该保持不变，就是说，寄存器具有记忆能力；寄存器也可以有输出使能控制，方便把这个电路的输出内容送到另外的电路，也可以方便地把这个电路的输出和另外的电路断开作用关系(这是逻辑关系上的断开，而不是物理连线的断开)，非常适合构建计算机总线电路。具有三态输出的寄存器或组合逻辑电路都可以挂接到总线上。

377和374寄存器都没有计数功能，不能用于计数操作，到了下一项实验，就会用到具有计数功能的寄存器SN74LS161。

2.4 计数器器件 SN74LS161 的实验

1. 器件简介

SN74LS161 是一个 4 位的二进制同步计数器器件，有 16 个管脚，其中管脚 16 是电源 V_{CC}，管脚 8 是地线 GND。有 4 个输入管脚 A、B、C、D，4 个输出管脚 Q_a、Q_b、Q_c、Q_d，管脚 2 接时钟信号 CK，管脚 15 用于给出串行进位输出信号，见图 2.1(f)。

还有 4 个管脚用于提供控制信号，管脚 1(CLR)用于清零控制，管脚 9(LOAD)用于接收(预置)控制，管脚 7(P)和管脚 10(T)用于计数控制，4 个控制信号要保持正确的协调关系，如表 2.1 所示，确保任何时刻只能执行一种操作。

表 2.1　4 个控制信号的功能

控制信号				操作功能	说明
CLR	LOAD	P	T	3 项操作需要互斥运行，	控制功能只能一种有效，另外两种无效
低	高	低	低	清零 4 位触发器	
高	低	低	低	接收输入(预置数值)	清零和预置控制是低电平有效
高	高	高	高	二进制计数	计数控制是 P、T 同为高电平
X	X	两者不同		寄存器内容不变	P、T 电平不同会禁止任何操作

2. 实验内容

把 4 位二进制数 1010 写入计数器器件。

对 161 器件执行清 0 操作。

使器件执行二进制计数功能(0000,0001,…,1111)，可以单步或连续方式运行，单步方式下可通过指示灯看到每位触发器的值，连续方式下还可以观察串行进位输出信号。

控制计数器在十进制数的 0～12 之间执行循环计数，可以单步或连续方式运行。

3. 实验过程和操作方法

把器件插接到器件插座，把电源和地线接到 16、8 管脚。

把时钟脉冲接到器件的管脚 2，还可以把一个指示灯接到器件的管脚 15。

把 4 位开关的输出接到器件的 4 个输入管脚，把 4 个指示灯接到器件的 4 个输出管脚；把另外 4 个开关的输出接到器件的 4 个控制管脚。

按照实验内容的要求，通过拨动开关控制计数器器件完成各项实验，查看运行结果。

4. 实验中应该观察到的结果

161 器件是个功能较多、控制略显复杂(与 377、374 器件相比)的器件，若有条件，实验过程中通过示波器观察计数器的 4 位输出信号的波形，收获会更大，有助于了解时序电路不同数据位之间的关系。

若有兴趣，还可以用两片 161 器件实现 8 位数据的计数器，就多出了一个处理芯片之间计数进位传输的问题，会用到管脚 15 的信号。器件内部的 4 个二进制位是同步计数，即 4 位触发器使用同一个时钟脉冲，可以同时改变状态(完成计数)，而两个 161 芯片之间则是串行进位关系，即高位芯片用到的时钟信号(管脚 2)必须由低位芯片的管脚 15 来提供。

第 3 章 芯片级实验

3.1 认知主板上元器件布局和开关、指示灯的使用方法

【实验目的】

熟悉主板上元器件布局是开展各项实验的基础，了解教学计算机各部件的组成及其相互连接关系有利于提高实验质量。为此需要较为认真地看一看教学机的照片，粗浅地看一看在图 1.1 中给出的第一个系统的基本硬件组成逻辑框图，结合实验机的照片初步了解主板上元器件布局，特别是开关和指示灯的位置、作用和使用方法。

【实验说明】

电路板下侧设置有 6 组 8 位的拨数开关，开关向上拨输出高电平，表示 1；向下拨为低电平，表示 0。在手动操作实验中，用于向实验电路提供运行数据和控制信号等，需要能够按照使用要求，把开关的输出连接到实验电路。这里为每一位开关的输出留有一个接线插孔，还把每组 8 位开关的输出通过一片 SN74LS244 三态门芯片（用到输出使能信号 *G*）送到 8 位的接线插针，当 *G* 为低电平时，芯片输出正常电平，开关所拨数据送到 8 位排针，当 *G* 为高电平时，芯片输出为高阻态，没有信息送到 8 位排针。

电路板上安排了很多指示灯，当其输入信号为高电平时灯被点亮，为低点平时灯熄灭。这些指示灯可以显示系统或电路运行过程中的状态，帮助实验者了解系统运行的步骤、执行的功能、运行的结果、用到的控制信号的状态等。

电路板上方的中间位置设置有 4 组 8 位的通用指示灯，可用于显示不同电路的信息，取决于把哪个电路的信息接通到这里。出于接线需求考虑，为每组指示灯设置有 8 位的接线排针，还为每一位指示灯安排了一个接线插孔。

电路板上还有另外一些专用的指示灯，如数据总线 DB 的 16 位指示灯、地址总线 AB 的 16 位指示灯、指令寄存器 IR 的 16 位指示灯及电路板最左上角的 8 位指示灯，在教学计算机系统运行时，这些指示灯不能转用于显示其他信息。在完成其他线路或者部件实验时，也可以依据实验者安排，用于显示其他内容。出于接线需求，为 DB、AB、IR 都设置了两组 8 位的接线排针，送到这里的信息（系统运行产生的或者通过接线传送来的）将被直接显示出来。

【实验操作】

(1) 关闭Am2910、MACH、Am2901、FPGA这4个芯片的电源,禁止它们运行。

(2) 用8位的排线连接一组开关的输出到一组通用8位的指示灯,向用到的244芯片的G管脚提供低电平的控制信号,拨动开关,查看指示灯的显示内容。若拨入信息是00000000,则8个指示灯都不亮,之后逐位改变开关输出为1,指示灯会逐个被点亮,直到全亮。

(3) 变G信号为高电平,则指示灯全部熄灭。

结论,这表明用到的8个开关、244芯片、8位排线、8个指示灯可能都正确。

(4) 按照第(2)步的操作,依次检查另外3组通用指示灯,看指示灯是否都正确。

(5) 按照第(2)步的操作,依次检查另外的5组拨数开关,看开关是否都正确。

(6) 按照前(2)步的操作,依次检查DB、AB、IR指示灯,看指示灯是否都正确。

若在实验过程中发现错误,需要找出原因并设法解决。例如,怀疑是排线有问题,更换一条排线试试;若怀疑是244芯片有错,更换另外一片试试;若怀疑是哪位指示灯或哪个开关坏了,用万用表量一下这个灯的输入管脚或开关的输出管脚的电平。若感觉是操作失误,找出是哪里操作出错了,按正确的办法重新操作。

这是熟悉设备组成概况的过程,也为今后的实验做了必要储备,学习判断实验中的正确或错误、排除错误的基本技术。实验操作很简单,但对熟悉设备组成和使用方法很有用。

3.2 单独RAM6116或ROM58C65芯片的读写实验

【实验目的】

了解RAM和ROM这两种存储器芯片的特性、功能和执行读写操作的基本方法,为设计和构建主存储器部件奠定基础。

【实验说明】

最简单的方案是把存储器芯片插接到用于扩展的ROM58C65芯片的IC座,它可以通过直接断开接线的方式,使其与计算机其他部件没有连接关系,确保实验操作仅针对此处的存储器芯片。

该芯片的地址信号、数据信号、读写控制信号都可以直接通过开关提供,芯片的读出数据内容可以通过指示灯予以显示。

此时需要关掉FPGA芯片的电源,最好也同时关掉MACH、Am2901、Am2910芯片的电源;为MIO信号提供高电平,使基本内存和串口芯片不工作,并注意以下6点。

(1) 此处的IC座既能插接管脚28的ROM芯片,也能插接管脚24的RAM芯片,在插接RAM6116芯片时,需按照右侧对齐方式插接,要求为RAM芯片提供读写命令MWE信号,24脚的V_{CC}在电路板上已经连接好。需要注意以下几个管脚的不同用法。

IC座的管脚号	28	27	26	23	2	1
ROM芯片	V_{CC}	WE	NC(不用)	A11	A12	—
RAM芯片	—	—	V_{CC}(24脚)	WE(21脚)	—	—

(2) 允许对此处 ROM58C65 芯片执行写操作，需要为 ROM 芯片提供 EAB11 信号。

(3) 实验可以只用单个芯片来进行 8 位数据的读写操作，也可以选用两个芯片来进行 16 位数据的读写操作，原理是一样的；差异表现在是对 8 位数据还是 16 位数据进行读写。

(4) 电路板的扩展 LC 座附近设置了 4 个接线插孔，分别标记如下。

EAB11'	EXWE	EXOE	EXCS
接线排的 AB11	IC 座的 27 脚	IC 座的 22 脚	IC 座的 20 脚
	对应	RAM 芯片的 20 脚	RAM 芯片的 18 脚

(5) 存储器芯片的写入数据和读出数据都要经过数据总线传送，为此必须确保不能出现开关所拨的写入数据和从芯片中读出的数据同时送到数据总线 EDB，即只在执行写操作时才送开关数据到 EDB，而在执行读操作时必须禁止送开关数据到 EDB。最简单的方案是把读写命令信号 EXWE 同时用作拨数开关上方的 74LS244 芯片的输出使能信号 *G*。

(6) 一次存储器读写要占用一个总线周期完成，包括地址时间和数据时间两个时间段。

【实验内容】

- 完成 RAM 芯片的读写操作，检查运行结果的正确性。
- 完成 ROM 芯片的读写操作，检查运行结果的正确性。

【实验操作】

1. RAM 芯片的读写操作实验

(1) 在实验机关机的状态下完成以下接线操作。

① 使用第一组、第二组拨数开关为芯片提供 16 位的地址信息到 EAB，即用两条 8 位的排线连接这些开关的输出到 IC 座的 16 位地址接线排针。

② 使用第三组拨数开关为芯片提供 8 位的数据信息到 EDB，即用一条排线连接这些开关的输出排针到 IC 座的低 8 位的数据接线排针，并把 EXWE 信号用作相应 244 芯片的 G 命令。

③ 使用第四组的低 3 位开关为芯片提供控制信号：片选 EXCS、使能 EXOE，读写命令 G23(即 RAM 芯片的 21 管脚)；可以用 3 根 1 号线连接这 3 个开关的输出到 IC 座附近的接线插孔。

EXCS 是片选信号，ROM58C65 和 RAM6116 芯片使用的管脚位置相同，读或者写存储器芯片时片选信号必须为低电平，为高电平时存储器芯片不工作。

EXOE 是输出使能信号，ROM58C65 和 RAM6116 芯片使用的管脚位置相同，在读或者写 6116 芯片时，可使 EXOE 都为低电平。

EXWE 是读写命令，当其为低电平时执行写操作，为高电平时执行读操作。

④ 用一条排线把数据总线 EXDB 的低 8 位连接到一组 8 位的通用指示灯，用于显示从芯片中读出的数据信息。

⑤ 把一片 RAM6116 芯片插到扩展存储器的低位字节的 IC 座，方向要正确并按照右侧对齐方式插。

(2) 关闭 isp MACH、Am2901、Am2910、FPGA 这些芯片的电源，使这些芯片不工作。

(3) 通过一个开关向电路板上的MIO接线插孔送去高电平的控制信号,使基本存储器和串行接口都处于不工作状态。

(4) 打开设备机箱上的电源开关,此时电路板上只有辅助电路和扩展的存储器芯片能够运行,就可以开始RAM芯片的数据读写操作了。

请注意,每次内存读写都要用两个时间段(地址时间、数据读写时间)来完成,可以使用片选信号电平的高低状态来区分这两个时间段,在EXCS为高电平期间是地址时间,此期间存储器芯片并不执行数据读写,正好用开关向芯片给出存储器的单元地址信息和写入的数据信息;在EXCS为低电平期间是数据读写时间,不允许地址和写入数据信息发生变化。

写RAM6116芯片:此期间需要向EXWE提供低电平。

① 向EXCS提供高电平,进入总线的地址时间,用开关拨入写操作的存储器首地址,如十六进制的0000,接着拨入写操作的数据内容,如^h00。

② 变EXCS为低电平,进入总线的数据时间,完成存储器的数据写入操作,之后立即恢复EXCS为高电平,转回到步骤①,就可以启动下一次的写操作。

重复上述两个操作步骤,依次完成向^h0001、^h0002、^h0003……各存储单元分别写入^h11、^h22、^h33……不同数据。

读RAM6116芯片:此期间需要向EXWE提供高电平。

① 向EXCS提供高电平,进入总线的地址时间,用开关拨入读操作的存储器首地址,如十六进制的0000。

② 变EXCS为低电平,进入总线的数据时间,完成存储器的数据读出操作,此时读出数据的内容就会显示在相关的8位指示灯,看它是否是原来的写入内容。

重复上述两个操作步骤,依次检查存储器各单元中的数据内容,若写入和读出操作均无错,则从^h0001、^h0002、^h0003……各地址读出的数据应是^h11、^h22、^h33……内容。

请注意以下4点说明。

① 在写RAM芯片的整个过程中,只能在EXCS为高电平的期间,通过开关拨入芯片的地址和写入数据;否则可能造成写入错误。

② 在读RAM芯片的整个过程中,也可使EXCS保持低电平不变,通过开关直接拨入芯片的地址并通过指示灯观察读出的数据内容,并且拨入的地址次序可以随意安排。

③ 还可以把RAM芯片的写入与读出操作交叉进行,即每写入一个数据后,接着就读出来检查,此时需要在写入数据之后,在回复EXCS为高电平之前,把EXWE信号从低电平变为高电平,此时芯片进入读操作过程,数据指示灯显示的就不再是开关的拨入数据,而是芯片的读出数据。接着首先恢复EXWE信号为高电平,之后立刻恢复EXCS为高电平,就可以启动芯片的下一次写入与读出操作。

④ 在关掉电源后,RAM芯片中的已有信息会丢失。

2. ROM芯片的读写操作实验

ROM芯片的读写操作步骤与RAM芯片基本相同,差别是实验用到的器件不同。

① ROM芯片有28个管脚,要用到IC座的1、2、27、28这4个管脚。接线过程中,需要把读写命令开关的输出接到EXWE插孔(27管脚),读写命令为高电平时执行读操作,为低电平时执行写操作。

② IC座的23管脚需要连接地址总线的AB11。

③ 对 ROM 芯片执行读操作时，要求使能信号 EXOE 为低电平，执行写操作时，要求使能信号 EXOE 为高电平，这需要通过一个开关来切换。对 EEPROM 的写操作属于非常规用法，其写操作的速度比较慢。

④ ROM 芯片中的已有信息在关掉电源后不会发生变化。

按上述要求完成接线后，就可以参照 RAM 芯片的实验步骤开始 ROM 芯片的实验。

这项实验中，有两件事情必须处理好。

① 要妥善解决好开关拨入数据与存储器读操作争用数据总线 DB 的矛盾。开关拨数用到的 244 芯片有三态使能控制管脚 G(电路板上对应有一个接线插孔)，当 *G* 信号为低电平时，244 芯片的输出为正常电平；否则 244 芯片输出为高阻态。把存储器的读写命令信号 MWE 用作 *G* 信号是最便捷的解决方案。写存储器时 MWE 应为低电平，把这个信号送到 244 的 G 管脚，就能把开关所拨的数据送到 DB，用作为存储器的写入数据；读存储器时 244 的 G 管脚和 MWE 应同为高电平，244 芯片的输出为高阻态，数据总线 DB 正好用于显示存储器的读出数据。

② 写存储器的过程中不能出现误操作，要防止破坏已正确写入芯片的内容。关键措施是在用开关拨数、拨地址的时刻，一定要保证提供给存储器芯片的片选信号为高电平，仅在检查数据和地址都正确之后，再把片选信号拨为低电平，进入芯片读写操作过程，之后立即恢复片选信号为高电平状态，转入下一次的读写操作过程。

结论：实验中可以发现，静态存储器芯片的读写操作是用不到时钟信号的，数据和地址有了之后，再给出正确的控制信号(片选、输出使能、读写命令)，芯片读写操作就可以直接完成了，表明静态存储器芯片用于保存信息的触发器工作于电平触发方式。

这次实验用到的某些技术和概念，可以延伸到计算机控制器设计过程中的扩展新指令和指令调试的实验中，要求同学们较好掌握。

3.3 单独 MACH 芯片的运算器设计实验

【实验目的】

- 复习先修课程“数字电路和逻辑设计”的基本知识。
- 了解现场可编程的 isp MACH 芯片的内部硬件资源、管脚编号及其对应的信号名称。
- 学习硬件描述语言 ABEL 的程序结构、语法规则和程序设计的基础知识。
- 学习对 ABEL 程序的编译与综合的技术，对.jed 类型文件的下载操作方法。

【实验内容与要求】

使用 ABEL 语言描述运算器部件的基本组成及其功能，在高集成度的 MACH 芯片中实现出来并完成调试和运行实验。

具体要求：在 MACH 芯片内设计实现一个 8 位的原理性运算器模型，即使用 ABEL 语言设计这个 8 位运算器的电路组成和功能，并把编译与综合的结果下载到 MACH 芯片，得到一个能够调试和运行的计算机运算器部件的雏形。这项实验涉及较宽的知识面，用到较新的实验技术,要求同学认真完成,这也是开展后续各项实验的必要准备。

对这个运算器模型的功能要求如下。

(1) ALU能完成加、减、与、或4种运算功能,需要使用2位的功能选择码alu_f1、alu_f2加以选择,由开关提供。ALU要产生数据运算的值Y和结果的特征信息carry(进位输出)以及zero(结果为0)。

(2) ALU的两路输入数据被命名为B和A,B路数据可选择累加器Acc或常数0,A路数据可选择8位开关提供的拨入数据D或D的反码/D,为此B和A路输入都会用到一个二选一电路,以便确定B路数据选择0(用于向Acc赋初值)还是Acc(实现累加运算),A路数据可选择D(用于非减法运算)还是 /D(用于减法运算)。两个二选一电路的选择信号是b_sel和a_sel,b_sel由开关提供,a_sel可在MACH芯片内直接生成。ALU的输出可以送指示灯显示,还要连接到累加器Acc的输入端以便保存。

(3) 累加器Acc只接收ALU的计算结果,可以是D+0或D op Acc(op可以是4种运算功能中的任何一种,由alu_f1和alu_f2两位功能选择信号决定)。Acc的内容可以经过三态门控制被送到8个指示灯予以显示。

依据上述要求,得到图3.1所示的该运算器模型的组成框图。

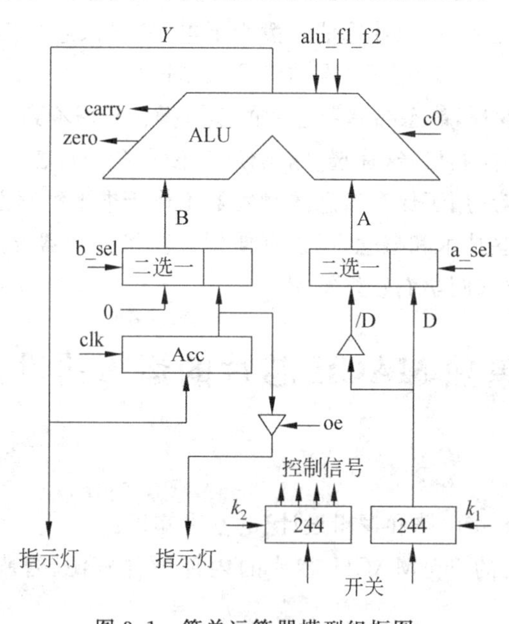

图3.1　简单运算器模型组框图

从图3.1中可以看到,用8个指示灯显示ALU的计算结果Y,用另外8个指示灯显示Acc的内容,这里对Acc的输出显示加了三态控制。当oe(由开关提供)为高电平时,显示的是Acc;当oe为低电平时输出为高阻态,不再显示Acc。

ALU产生的两个标志位信息(carry和zero),也可以接到指示灯予以显示。

下面给出的是实现上述功能的ABEL语言的程序源码。

```
MODULE ispmach
TITLE 'simple alu'
"program alu8_16.abl  2014/10/06   ALU串行进位
```

```
DECLARATIONS                                       "说明人出信号和内部节点信号
clk                        pin 68;                 "时钟信号
alu_f1,alu_f0,b_sel,oe     pin 87..84;             "输入控制信号 AB15~AB12
D7..D0                     pin 24,23,26,25,        "输入开关数据 DB15~DB9
                               28,27,30,29;
Y7..Y0                     pin 32..39;             "显示 ALU 的结果 DB7~DB0
carry,zero                 pin 80, 81;             "显示 2 个特征位 AB9,AB8
Acc_7..Acc_0               pin 77..70;             "显示累加器内容 AB7~AB0
B7..B0,A7..A0,a_sel        node istype 'com';      "ALU 的 2 路输入数据与选择控制
c8..c1,c0                  node istype 'com';      "ALU 每一位的进位入/出信号
Acc7..Acc0                 node istype 'reg,keep'  ;"8 位的累加器
alu_f=[alu_f1,alu_f0];                             "定义集合,用于简化逻辑方程式
A=[A7..A0];   B=[B7..B0];   D=[D7..D0];
Y=[Y7..Y0];   Acc=[Acc7..Acc0];
EQUATIONS                                          "运算器的功能与电路描述,用了集合
  when b_sel then B=Acc;                           "ALU 的 B 路数据选择
            else B=[0,0,0,0,0,0,0,0];              "b_sel=1 选 Acc,否则选 0 值
  when alu_f==[0,1] then {c0=1; a_sel=1;}          "执行减运算时 c0 为 1
  when a_sel then A=!D;   else A=D;                "A 路数据选择,减运算选!D,否则选 D
  Acc:=Y;          Acc.CLK=clk;                    "累加器接收输入
  [Acc_7..Acc_0]=Acc;                              "累加器内容送指示灯显示
  [Acc_7..Acc_0].oe=oe;                            "oe=1:显示累加器内容,oe=0:不显示
                                                   "ALU 的运算功能描述   00:+, 01:-,
                                                    10:&, 11:#
  when(alu_f==[0,0])#(alu_f==[0,1])then            "加减运算
   { Y0=B0&A0&c0 #B0&!A0&!c0 #!B0&A0&!c0 #!B0&!A0&c0        "逐位计算和/差
     Y1=B1&A1&c1 #B1&!A1&!c1 #!B1&A1&!c1 #!B1&!A1&c1        "并送指示灯显示
     Y2=B2&A2&c2 #B2&!A2&!c2 #!B2&A2&!c2 #!B2&!A2&c2;
     Y3=B3&A3&c3 #B3&!A3&!c3 #!B3&A3&!c3 #!B3&!A3&c3;
     Y4=B4&A4&c4 #B4&!A4&!c4 #!B4&A4&!c4 #!B4&!A4&c4;
     Y5=B5&A5&c5 #B5&!A5&!c5 #!B5&A5&!c5 #!B5&!A5&c5;
     Y6=B6&A6&c6 #B6&!A6&!c6 #!B6&A6&!c6 #!B6&!A6&c6;
     Y7=B7&A7&c7 #B7&!A7&!c7 #!B7&A7&!c7 #!B7&!A7&c7;
     c1=B0&A0 #B0&c0 #A0&c0;                       "逐位计算进位输出
     c2=B1&A1 #B1&c1 #A1&c1;                       "可以送指示灯显示
     c3=B2&A2 #B2&c2 #A2&c2;
     c4=B3&A3 #B3&c3 #A3&c3;
     c5=B4&A4 #B4&c4 #A4&c4;
     c6=B5&A5 #B5&c5 #A5&c5;
     c7=B6&A6 #B6&c6 #A6&c6;
     c8=B7&A7 #B7&c7 #A7&c7;}
  when alu_f==[1,0] then  Y=B&A;                   "与运算, 用了集合
  when alu_f==[1,1] then
   { Y0=B0#A0; Y1=B1#A1; Y2=B2#A2; Y3=B3#A3;       "或运算, 未用集合
     Y4=B4#A4; Y5=B5#A5; Y6=B6#A6; Y7=B7#A7; }     "Y 的逻辑方程较多
```

```
                                                "得到并显示 ALU 结果的两个特征位信息
    when(alu_f==[0,0])then carry=c8;            "进位标志=1:加运算有进位
    when(alu_f==[0,1])then carry=!c8;           "减运算有借位
    when [Y7..Y0]==^h00 then zero=1;            "零标志=1:ALU 的结果为 0
  END
```

【实验环境和条件准备】

在实验之前,教师会在课堂上用少量学时讲解以下 3 项内容。

(1) isp MACH 芯片内部的电路资源、功能特性和芯片的使用方法。

(2) ABEL-HDL 硬件描述语言的程序结构、语法规则以及程序设计知识(见附录 A)。

(3) 对 ABEL 程序进行编译综合、对芯片执行下载的方法和操作步骤,这里会用到 ISPLEVER 软件和 ispVM System 软件(在附录 B 中给出了这两个软件的使用方法和操作步骤),同学只需按照工作布置照办即可,要求学生能从实验中学到必要的设计知识和实验技术。

实验室在 PC 上准备好必要的实验环境,建立项目工程文件,安装好编译软件和下载软件,作为学习使用 ABEL 语言的实例,提供本次实验用到的 ABEL 语言源程序。

实验室为每一个实验小组提供一台教学实验箱系统。

【实验操作】

1. 接线操作

MACH 芯片被焊接到一块小的印制电路板上,这块小板是通过 4 个 20 脚的双排插针被插接到实验设备的主板上,使 MACH 芯片的 132 个 IO 管脚被接通到主板上不同接线插孔或插针。主板上是按照实现 16 位的教学计算机系统来布线的,各接线插针、插孔的命名也是依据 16 位机系统的电路功能来选择的。

在描述 8 位运算器电路及其功能的 ABEL 程序中,MACH 芯片的每个管脚是用这个管脚的编号来指定的,这些管脚对应的接插针(孔)在电路板上的位置在相应语句的注释部分给出,举例如下。

```
alu_f1,alu_f0,b_sel,oe pin 64..61;              "输入控制信号 AB15~AB12
D7..D0           pin 24,23,26,25,               "开关输入数据 DB15~DB9
                     28,27,30,29;
Y7..Y0           pin 32..39;                    "显示 ALU 的结果 DB7~DB0
Acc_7..Acc_0     pin 77..70;                    "显示累加器内容 AB7~AB0
carry,zero       pin 58,57;                     "显示两个特征位 flag_c,flag_z
```

这样选择是期望能简化接线操作,尽量选用那些本身接有指示灯的管脚,如 16 位的 DB、16 位的 AB,并确保不会与电路板上的已有器件发生冲突,如不能选用 16 位的 IR 管脚,因为用于实现 IR 的两片 377 器件的电源与 MACH 的电源是接在一起的,在为 MACH 芯片供电时,也会接通两片 377 器件的电源。

(1) 连接 4 位开关输出到 AB 总线的最高 4 位,用于提供运算器的 4 位控制信号。

(2) 连接 8 位开关输出到 DB 总线的高位字节,用于提供运算器的 8 位输入数据。

(3) 连接V_{CC}到 MIO 接线插孔(在 139 芯片的左下角),禁止内存和串行接口运行,为用到的两片 244 芯片的 G 管脚提供低电平的信号,使开关的输出信息能够送出。

2. 调试运行运算器

(1) 初步阅读实验室提供的 ABEL 源程序,试着对其进行编译和综合,产生.jed 类型的结果文件。

(2) 试着把得到的.Jed 文件的内容下载到 MACH 芯片中。

(3) 对选用 MACH 芯片实现的运算器进行运行调试。

① 为累加器 Acc 赋初值。

a. 拨入 4 位控制信号为 0、0、0、0,拨入 8 位输入数据为十六进制的 ^h25,观察并记录 ALU 的输出 Y、cy 和 zero 的值;观察累加器 Acc 的输出(应该无显示)。按一次 start 按键,变 oe 信号为高电平,再看各项显示内容是否有变化。

b. 依次变动 alu_f1、alu_f2 为 0、1(减功能),1、0(与功能),1、1(或功能),0、0(加功能),观察每种运算功能的计算结果并记录下来,判断运算结果是否正确,期间不能按 start 按键,只在最后按一次 start 按键,再次观察各项显示内容。

② 执行 Acc 内容和开关输入数据 D 之间的 4 种运算。

a. 变 b_sel 信号为高电平,保持 alu_f1、alu_f2、oe 为 0、0、1 不变,观察并记录各项显示内容的变动情况,按一次 start 按键,再次观察各项显示内容的变动情况。

b. 变 alu_f1、alu_f2 为 0、1,保持 b_sel、oe 为 1、1 不变,观察并记录各项显示内容的变动情况,按一次 start 按键,再观察各项显示内容的变动情况。

c. 参照前面的操作过程,分别变动 alu_f1、alu_f2 为 1、0 和 1、1,保持 b_sel、oe 为 1、1 不变,观察各项显示信息的变动情况,按一次 start 按键,再观察各项显示内容的变动情况。

③ 参照前面的操作过程,改用其他数据,观察 4 种运算功能的执行结果。

④ 综合前面完成的各项实验结果,判断该运算器的设计和运行是否正确。

⑤ 试着使用这个运算器模型计算机整数 1~10 的累加和。

实验之后,应该掌握以下内容。

(1) ALU 是组合逻辑电路,其计算的结果和特征信息直接取决于当前的运算数据和执行的运算功能,可以通过指示灯实时显示出来。请注意,运算器执行加减法运算使用的是数的补码,减法运算是使用加法器完成的,此时需要向 ALU 送减数的反码/D(而不是减数本身 D),并且要向 ALU 最低位的进位输入信号 c0 送入 1 值(而不是 0)。

(2) 累加器是有记忆功能的时序逻辑电路,Acc 在时钟信号的上升沿(时钟信号结束时刻)接收它的输入数据,必须为累加器指定时钟脉冲信号。

(3) 三态门电路有两种输出状态:或是它当前的输入信息(芯片正常工作),或处于高阻态(芯片不工作,不能向外输出信息,在逻辑上等同于其输出与系统断开连接),取决于它的输出使能信号,如 Acc 输出处的三态门的 oe 信号、244 芯片的 G 信号。

(4) 只有算术运算才产生进位输出信号 carry,逻辑运算时,数据的高、低位之间不存在进位关系。算术和逻辑运算都需要处理结果为 0 的特征信息 zero。

(5) 对 ABEL 语言与 MACH 芯片的功能和使用能够有基本了解,学会使用。

第 4 章 脱机的计算机部件实验

所谓脱机部件实验，指的是把某个部件从计算机整机系统中独立出来，即断开它与其他部件的连接关系，单独针对这个部件本身开展实验，更有利于准确深入地掌握部件本身的组成、运行原理、控制使用方法等内容，避免牵涉其他部件以及部件之间的交互作用。

4.1 脱机的运算器部件实验

【实验目的】

- 了解 Am2901 运算器芯片的内部组成、实现功能。
- 学习选用 4 片 4 位的 Am2901 运算器芯片组成 16 位运算器的知识。
- 掌握控制运算器完成算术和逻辑运算、移位操作的具体方法。

【实验说明】

运算器是承担数据运算、数据和结果暂存功能的部件，主要由算术逻辑运算单元 ALU、寄存器组 REG、标志寄存器 Flag 等 3 个部分组成，当然还有其他一些辅助电路。运算器部件由 4 片 4 位的 Am2901 芯片构成。在脱机部件实验中，需要为其提供输入数据，显示其运算结果(包括标志位信息)，要用到通用的拨数开关和指示灯，需要完成必要的接线操作。最重要的是，学习、了解需要向运算器提供哪些和什么电平的控制信号。

本运算器运行要用到 21 位的控制信号，从左到右排列的信号是 A3～A0、B3～B0、I8～I1、I0、oe、RAM15、RAM0、c0，各字段所代表的内容如表 4.1 所示，其中的 I8～I0 实现的控制功能如表 4.2 所示。实验人员需要依据运算器完成的功能决定每一位信号的取值，并通过开关提供给运算器。在表 4.2 后面给出了使用这些控制信号实现 5 项功能的例子。

表 4.1　Am2901 运算器使用的控制信号

A3～A0	B3～B0	I8～I6	I5～I3	I2～I0	oe	RAM15、RAM0	c0
源寄存器	目的寄存器	结果保存	运算功能	数据来源	输出使能	移位输入	低位进位

表 4.2　I8～I0 这 3 组 3 位信号的控制作用

编码	I8～I6 寄存器接收	编码	I5～I3 运算功能	编码	I2～I0 数据选择	
					R	S
000	暂未选用	000	S＋R	001	A	B
001	寄存器不接收	001	S－R	011	0	B
011	F→B 接收	011	S 或 R	100	0	A
101	F/2→B 右移位接收	100	S 与 R	111	D	0
111	F＊2→B 左移位接收	110	S 异或 R			

例如，要执行输入数据^h0305→R0、^h0300→R1、R0-R1→R0、R1 ♯ R0→R1、R1 的内容逻辑右移一位这 5 项功能，需要提供如表 4.3 所示 5 组 21 位的控制信号。

表 4.3　5 组控制信号

A3～A0	B3～B0	I8～I6	I5～I3	I2～I0	oe	RAM15	RAM0	c0	说　明
0000	0000	011	000	111	0	0	0	0	“h0305→R0
0000	0001	011	000	111	0	0	0	0	“h0300→R1
0001	0000	011	001	001	0	0	0	1	“R0-R1→R0
0000	0001	011	011	001	0	0	0	0	“R1 ♯ R0→R1
0000	0001	101	000	011	0	0	0	0	“R1 右移→R1

注：oe 是 ALU 输出的使能控制信号，为低时允许输出，为高时输出为高阻态。^h 后跟的是十六进制数。

【实验内容】

在进行脱机运算器部件实验时，需要用开关向运算器提供运算数据和运行控制信号，使其完成加、减、与、或、寄存器内容右移、左移等功能，并通过指示灯查看运算器的运算结果，有利于加深理解课堂授课内容，掌握使用运算器部件的基础知识与技术，为构建计算机整机系统奠定初步基础。

要求从以下给出的多项操作功能中选择有兴趣的 8 项进行实验，数据内容可以变化，每一项功能可以执行一次或连续执行几次。观察各种情况下的运行结果并判断运行结果的正确性。

^h1234→R1

^h2345→R2

R1＋R2→R2

R2－R1→R2

R1 内容左移一位

R2 内容左移一位

R1→R3

R2 and R1→R2

R3 or R2→R3

R1＋1→R1

R2－1→R2

显示一个指定寄存器的内容。

【实验步骤】

实验过程中,只需接通4片运算器芯片的电源,系统要处于单步骤运行方式,每按一次start按键,运算器完成一次运算、处理功能。

1. 接线操作

(1) 关闭MACH、Am2910、FPGA的电源,禁止这3个芯片运行。

连接V_{CC}(+5V电源)和MIO,为MIO提供高电平,禁止存储器和串行口工作。

此时能正常运行的只有运算器部件和电路板上的辅助电路。

(2) 连接两组8位开关的输出到运算器的16个数据输入管脚(即数据总线DB),以便为运算器提供输入数据,并向这两组开关用到的244芯片的输出使能信号G管脚提供恰当的电平,保证开关拨数到DB和送ALU的输出到DB的互斥关系。

在G=0、oe=1时,允许用开关拨入数据,禁止送ALU输出到DB。

在G=1、oe=0时,禁止用开关拨入数据,允许送ALU输出到DB。

(3) 连接24位开关的输出到运算器的21位控制信号管脚,对应的是设置在电路板上MACH芯片下方的24位的接线排针(其中最低3位空闲未用),各信号的排列次序给出在表4.1中。

2. 控制运算器执行选定的功能

在系统处于单步骤运行的方式下,每按一次start按键,启停电路将向运算器提供一个时钟信号,运算器结束一次运算或操作功能,并转到下一次的功能操作。

Am2901运算器是可以在一个时钟周期完成一次运算的,包括取得运算数据(开关送来的或从通用寄存器读出的),得到运行需要的控制信号,完成指定的运算功能,并把结果保存到选中的寄存器中。因此,这里的运算器脱机实验就是拨动开关并通过指示灯观察运算器的执行结果的过程。实验中的每项操作功能都要通过按start键来结束。

4.2 脱机基本存储器部件实验

【实验目的】

- 了解存储器部件的字位扩展原理,使用存储器芯片构建存储器部件的技术。
- 了解存储器部件的读写过程,控制其运行的方法和操作步骤。

【实验说明】

存储器是计算机系统中承担存储程序和数据的部件,通过字位扩展技术,选用两片随机读写的RAM6116和两片只读的ROM58C65存储芯片,来构建字长16bit的基本存储器部件,还另外设置了两个28脚的IC插座,可以插接ROM58C65或RAM6116芯片,用于进一步扩展基本存储器的存储容量。

在完成存储器芯片读写实验的过程中已经看到,存储器可以执行读、写两种操作,每次的读、写都要用两段时间完成,会用到3种控制信号,即读写命令MWE、片选信号MCS、使能信号 MOE。

在完成脱机的存储器部件实验时，存储器的地址和写入数据只能由开关经总线 AB、DB 提供，为此需要完成必要接线操作。读出数据只限于送到数据总线 DB 予以显示。

存储器芯片以及串口芯片的片选信号和读写命令由 3 片译码器电路(1 片 74LS139 和 2 片 74LS138)给出，它们之间的连接关系和各自的输入输出信号如图 4.1 所示。

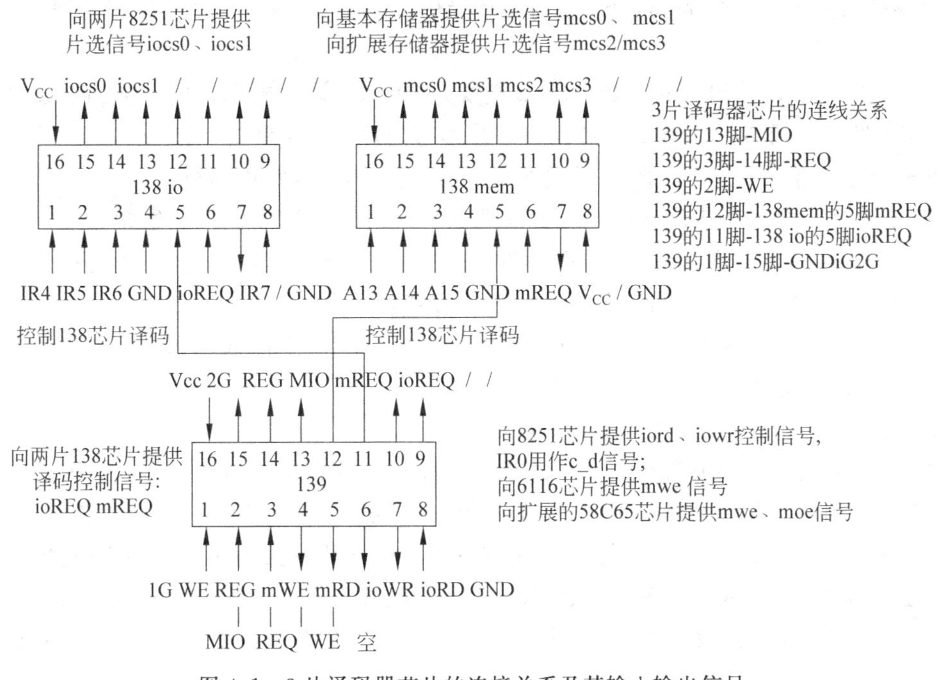

图 4.1　3 片译码器芯片的连接关系及其输入输出信号

139 芯片是双 2-4 译码器，其输入是 MIO、REQ、WE，其译码输出是 mREQ(要读写内存)、mWE(内存写)、mRD(内存)和 ioREQ(要读写串口)、ioWR(串口写)、ioRD(串口读)命令，都是低电平有效。若把 MIO REQ WE 这 3 个信号组合在一起，即可表明以下 5 种操作功能，即：000：写内存；001：读内存；010：写串口；011：读串口；1××：不读写内存和串口。

在脱机存储器部件实验过程中，可以用 3 位开关提供 MIO、REQ、WE，在脱机串口芯片实验过程中，改用中断按钮的一个输出 INT5 提供 MIO 信号。

两片 138 芯片是 3-8 译码器，通过译码产生存储器、串行口的片选信号。

用于存储器的 138 芯片的输入是 AB15～AB13 和 mREQ，输出是存储器的片选信号 mcs0、mcs1、mcs2、mcs3，地址空间分别是十六进制的 0000～1FFF、2000～27FF、4000～5FFF、6000～7FFF；用于串口的 138 的输入是 IR6～IR4 和 ioREQ、IR7，输出的是串口芯片的片选信号 iocs0、iocs1，分别对应十六进制的 IO 端口地址 80(81)、90(91)。

【实验内容】

- 对基本存储器部件 RAM 区的数据读写实验。
- 对基本存储器部件 ROM 区的指令读出实验。

【实验操作】

1. 接线和必要说明

(1) 连接16个拨数开关到地址总线AB,用于提供存储器的单元地址。

(2) 连接16个拨数开关到数据总线DB,用于提供存储器的写入数据。对于写操作,输入数据将被写入到存储器的选定单元;对于读操作,读出的数据将出现在数据总线DB并通过指示灯予以显示。

(3) 连接3个开关到MIO、REQ、WE接线处(在139译码器芯片的下方),经过3片译码器芯片(图4.1)可以产生存储器和串口芯片读写的片选信号和控制信号。

在进行本实验时,需要使REG保持低电平(使用存储器,停用串行口),并使用MIO信号的高、低电平两个状态来区分一个存储周期的地址时间和数据时间。通常只能在地址时间使用开关向存储器拨入地址、写入数据和控制信号。存储器芯片的实际读写操作将在数据时间段完成。读存储器的期间必须禁止送开关数据到DB。

(4) 实验过程中,需要关闭MACH芯片、4片Am2901芯片、Am2910芯片和FPGA芯片的电源,系统要处于单步骤运行方式。

2. 读出并显示ROM存储区的指令内容

ROM存储区用于存储教学计算机的监控程序,仅支持读操作功能,不能执行写操作(芯片的WE和OE管脚已分别接+5V和GND),以防止破坏监控程序的原有内容。

为了对ROM存储区执行读操作,需要在地址时间段用开关为芯片提供16位的地址和3位的控制信号(MIO、REQ、WE=1、0、X),地址的最高3位取0、0、0值(以便产生ROM芯片的片选信号mcs0),再拨入ROM芯片的13位地址;再拨开关使MIO为低电平则进入数据时间段,芯片的读出内容就显示在DB的指示灯。

接下来可以在数据时间段直接变动低13位的地址,选中单元的内容就会立刻显示在DB的指示灯,这是一种变通的操作方法,比正规的做法(在地址时间段拨开关,在数据时间段执行读操作)更快捷。请思考为什么可以这样操作?在拨入低位地址的过程中,DB的指示灯会不断变化,多次的显示信息可能不是你期望要观察的内容。

3. 读写RAM存储区的操作

RAM存储器能支持读和写的两种操作,为了避免或者减少误操作,对RAM区的每一次读写操作最好都用地址和数据两段时间来完成(MIO为高电平是地址时间段,为低电平是数据时间段)。请注意,在读存储器期间必须禁止送开关数据到数据总线DB,这只需把存储器芯片的WE信号和拨数据到DB用到的两片244芯片的*G*信号连接到同一个开关的输出即可,使这两个信号总保持相同的值。

在读RAM存储区时,需要在地址时间段用开关向地址总线的AB15～AB13拨入0、0、1值(以便产生mcs1片选信号)和3位的控制信号(MIO、REQ、WE=1、0、1),再拨入RAM芯片的11位地址;然后切换到数据时间(为MIO拨入低电平)就能观察到芯片的读出内容。接下来可直接变动低11位地址来观察RAM不同存储单元的内容。

在写RAM存储区时,需要把16个数据开关的输出连接到数据总线DB,用于提供写存储器的写入数据。可靠的办法,是在地址时间段(MIO为高电平)拨入存储器的单元地址、写入的数据内容,以及3位的控制信号(MIO、REQ、WE=1、0、0),之后变更MIO为低电平

(进入数据时间段),使存储器完成写操作;接着恢复 MIO 为高电平状态,进入下一次的数据写入过程,多次重复就可以把一批数据写入 RAM 存储区。之后再用读 RAM 存储区的方式检查此前的写入操作和正在执行读操作是否都正确执行。当然也可以通过每写完一个数据之后立即将其读出来的读写交替方式,来检查读、写操作的正确性。

4.3 脱机的串行接口读写与输入输出实验(选做)

【实验目的】

- 了解串行接口芯片的内部组成、功能和使用方法。
- 检查串口芯片是否和仿真终端正确连接,双方能否正常通信并得到正确运行结果。

【实验说明与实验内容】

教学机中的串口是连接 CPU 和仿真终端设备并执行输入输出操作的电路。CPU 和串行接口之间以 8 位并行方式交换信息,而串行接口和设备之间则以逐位串行方式交换信息。在设备上把两片 Intel 8251 芯片用作两路串行接口,都能连接 PC 仿真终端设备。输入输出实验需要把串行口与仿真终端连接起来才能完成,单个的串口芯片实验是没有意义的。串口芯片的 8 位数据管脚连接到系统数据总线 DB 的低位字节,数据可在两个方向进行传送(串口↔DB)。

通过串口执行输入输出的实验属于选做而不是必做项目,其操作会涉及某些略显复杂的概念,需要初步了解以下有关知识和相关技术。

(1) 输入输出操作不只是教学计算机一方的事情,还要用到 PC 仿真终端,双方之间需要通过串口数据线连接起来,还要求仿真终端一方的接口、键盘输入和屏幕显示都能正常工作,并且与教学机系统保持正确的时序配合关系。

(2) 教学机和仿真终端之间传送信息要求使用电平更高的信号,双方都会用到一个电平转换电路,如一片 MAX202 芯片,该芯片可同时用于两路串行接口。串行口要用到几个不同频率的脉冲信号,已经连接好。

(3) CPU 对串口执行读、写操作时,要求向串口芯片提供 4 个控制信号,即读命令 iord、写命令 iowr、片选信号 iocs 及信息类型信号 c_d,前 3 个信号都是低电平有效。

c_d 是串口端口地址的最低位,用于区分读写串口的信息类型,为 0 时,读写的内容是数据,为 1 时,读出的是串口的状态信息,写入的是初始化串口的控制信息。

(4) 在教学机和仿真终端双方的接口之间的信息交换是自动执行的,CPU 不能直接控制仿真终端,它能做的只限于写、读自己一方的串行接口芯片。

写串口对应的是数据的输出操作,是把运算器 R0 寄存器中的一个字符的 ASCII 码送到串口的发送数据缓冲器,之后串口会以串行方式将其发送到仿真终端一方。

读串口对应的是数据的输入操作,是把已保存在接收数据缓冲器中的一个字符的 ASCII 码(是仿真终端在此之前以串行方式传送过来的)读出来并写入 R0 寄存器。

(5) 在使用串口之前要完成芯片的初始化操作,确定芯片的运行模式和控制参数,该初始化只能紧跟在系统复位(按 reset 键)之后进行,并且仅能执行一次,要求向串口写入初始化信息^h4E 的操作仅被执行一次;否则初始化操作不能正确完成。

(6) 在进行脱机的串口实验时,每次读写串口通常要用两段时间完成,可以用 MIO 信号的高、低电平的两个状态来区分这两个时间段,在地址时间用开关拨入串口的写入数据、端口地址和运行控制信号,在数据时间完成串口芯片的读写操作。

为此可以把系统时钟信号 CLK 用作 MIO(连接 CLK 到 MIO),在单步骤运行方式下,每按一次 start 按键,启停控制电路会发出唯一的一个完整的脉冲信号,其电平变化是从高到低再返回到高的一个过程,能很好地满足实验要求。

(7) 为了确保在串口执行读操作期间不传送数据开关的输出到数据总线 DB,选用同一个开关来提供 WE 信号(串口读写命令)和送开关信息到 DB 用到的两片 244 芯片的 *G* 信号(输出使能信号)是合理又简便的解决方案。

【实验操作】

1. 接线和启动操作

(1) 用串口数据线连接教学机串口和仿真终端串口(或 USB 口);运行 PC 系统中 pcec16.com 程序,按两次 Enter 键后,PC 进入仿真终端状态,成为教学机的输入输出设备。

若希望检查仿真终端本身是否运行正常,可以把串口数据线从实验设备上拔下来,再把 DB9 插头的数据发送线插孔和数据接收线插孔用 1 号线短接起来,使仿真终端送出来的信息又被直接接收回去,则按下键盘上的任何一个字符键,相应字符就会被显示到屏幕上,表明仿真终端本身运行正常。

(2) 连接 8 位拨数开关到 DB 的低位字节,为串行口提供写入数据(D7～D0)。

(3) 连接 8 位拨数开关到 IR 输出的低 8 位排针,为串口提供端口地址(IR7～IR4)和 c_d(IR0),对 IR7 ～IR4 译码就得到串口的片选信号 iocs,c_d 用于确定信息类型。

(4) 连接 CLK1 到 MIO 的接线插孔,连接 2 位开关到 REQ 和 WE 的接线插针,为 139 译码器提供 3 位的输入信号。实验中使 REQ 保持恒高(使用串口,停用存储器)。

(5) 实验开始前,需要关闭 MACH 芯片、4 片 Am2901 芯片、Am2910 芯片和 FPGA 芯片的电源,并设置系统为单步运行方式。

2. 对串口的写操作

用于把 8 位开关数据写入串口芯片。

1) 执行串口芯片初始化

(1) 按 reset 按键,首先对系统进行复位,接下来开始串口芯片的初始化操作。

(2) 拨入端口地址^h81 和初始化信息^h4E,REQ、WE 选 1、0,按一次 start 按键。

(3) 保持端口地址^h81 和 REQ、WE 为 1、0 不变,拨入初始化信息^h37,按一次 start 按键;至此已经完成了串口的初始化操作。

2) 执行数据输出操作

(1) 变串口的端口地址为^h80,保持开关数据^h37 和 REQ、WE 为 1、0 不变,按一次 start 按键,则在仿真终端的屏幕就可以显示出数字符 7,一次数据输出已经完成。

(2) 之后可以改变开关的拨入数值(字符的 ASCII 码),每按一次 start 按键,都会在仿真终端的屏幕上显示出对应这个 ASCII 码的字符,新的一次数据输出已完成。重复步骤(2)则可输出一批数据到仿真终端。

3. 对串口的读操作

用于读出串口芯片中的8位数据。

执行的是数据输入操作，即把串口中接收数据缓冲器的8位数据读出来，经过数据总线DB的低8位保存到8位的寄存器（若不保存则该数据会丢失），此处的难点是暂无这个寄存器可用，只能把读出的数据（一个字符的ASCII码）送到DB指示灯显示，供实验者查看。出于能看清楚的要求，信息显示的时间必须相对长一些，若此时还把CLK用作MIO就办不到了（信息显示时间仅半个时钟周期），改用中断按钮的输出（如INT5）替代CLK就能解决此问题，可以通过改接INT5到MIO来实现。

4. 操作步骤

（1）在不按下中断按钮时MIO为高电平，串口芯片不工作，可拨入REQ、WE为1、1值。此时可通过敲击键盘上的一个字符键，传送相应字符的ASCII码到串口芯片。

（2）按下并不松开中断按钮时MIO维持低电平不变，串口芯片进入读操作时间，读出的一个ASCII码被显示在DB指示灯，可以查看它的显示内容。

（3）松开中断按钮后MIO回到高电平，就进入下一次的数据输入操作步骤，可以继续输入不同的字符并观察字符的ASCII码。

第5章 监控程序使用和汇编语言程序设计实验

5.1 使用监控程序的实验

【实验目的】

- 了解教学机系统的指令格式、寻址方式、基本指令系统构成。
- 了解机器语言、汇编语言的概念及其对应关系。
- 学习使用教学机的监控命令操作运行教学机系统的方法和过程。
- 学习汇编语言程序设计的基础知识和基本技术。

【实验说明】

这项实验可以使用指令级仿真软件 tec2ksim 系统，有一台装了相应软件的 PC 即可，也可以在教学实验设备上完成，更有利于加深对真实教学计算机硬件的了解。为此需要了解教学机系统提供的 A、U、G、D、E、R、T 这 7 个监控命令的格式和每个命令的功能，试着用一下，短时间即可初步了解并学会使用。

汇编语言程序设计则略复杂，需要了解实验设备提供的 30 条基本指令、汇编语句的格式和各自的功能以及指令与汇编语句的对应关系。最好先从实验指导书中提供的程序例子开始，首先学会操作方法和工作步骤；接下来再试着学习、理解每个汇编语句的格式和含义，初步了解汇编程序的结构和设计方法；在有了基本知识之后，再开始设计自己的小汇编程序，此时要解决的是把自己想完成的一项事情（如求整数 1～20 的累加和）用汇编程序计算出来，还要观察到程序的执行过程及其运行结果。

【学习使用监控命令】

1. 用 R 命令查看寄存器内容或修改寄存器的内容

（1）在命令行提示符状态下输入：

```
R↙                                          ;显示寄存器的内容
```

注意：寄存器的内容在运行程序或执行命令后会发生变化。

(2) 在命令行提示符状态下输入：

```
R R0↙  ;修改寄存器 R0 的内容,被修改的寄存器与所赋值之间可以无空格,也可有一个或数个空格
```

主机显示：

```
寄存器原值:_
```

在该提示符下输入新的值 0036，再用 R 命令显示寄存器内容，则 R0 的内容变为 0036。这里用到的数字都是十六进制的。

2. 用 D 命令显示存储器内容

在命令行提示符状态下输入：

```
D 2000↙
```

会显示从 2000H 地址开始的连续 128 个字的内容；连续使用不带参数的 D 命令，起始地址会自动加 128(即 80H)。

3. 用 E 命令修改存储器内容

在命令行提示符状态下输入：

```
E 2000↙
```

屏幕显示：

```
2000   地址单元的原有内容:光标闪烁等待输入一个新的数值
```

输入 0000

依次改变地址单元 2001～2005 的内容为：1111 2222 3333 4444 5555。

注意：用 E 命令连续修改内存单元的值时，每修改完一个，按一下空格键，系统会自动给出下一个内存单元的值，等待修改；按 Enter 键则退出 E 命令。

4. 用 D 命令显示这几个单元的内容

```
D 2000↙
```

可以看到这 6 个地址单元的内容变为 0000　1111　2222　3333　4444　5555。

5. 用 A 命令输入一段汇编源程序

主要是向累加器赋初值并进行运算，执行程序命令查看运行结果。

(1) 在命令行提示符状态下输入：

```
A 2000↙                        ;表示该程序从 2000H(内存 RAM 区的起始地址)地址开始
```

屏幕将显示：2000：

输入以下形式的程序：

```
2000: MVRD R0,AAAA             ;MVRD 与 R0 之间要有空格,其他指令相同
2002: MVRD R1,5555             ;每条指令都以按 Enter 键结束输入
2004: ADD R0,R1
2005: AND R0,R1
2006: RET                      ;程序的最后一个语句,必须为 RET 指令
```

```
2007:(直接按 Enter 键,结束 A 命令输入程序的操作过程)
```

若输入有误,系统会给出提示并显示出错地址,用户只需在该地址重新输入正确的指令即可。此处的数字均默认为十六进制。

(2) 用 U 命令反汇编刚输入的程序。

在命令行提示符状态下输入:

```
U 2000↙
```

在从相应地址开始执行反汇编功能,每行一条指令,包括指令地址、指令代码、汇编语句等相应几列的信息。

注意:连续使用不带参数的 U 命令时,将从上一次反汇编的最后一条语句之后接着继续反汇编。

(3) 用 G 命令运行前面输入的源程序。

```
G 2000↙
```

程序运行结束后,可以看到程序的最终运行结果,屏幕将显示各寄存器的值,其中 R0 和 R1 的值均为 5555H,说明程序运行正确。

(4) 用 P 或 T 命令,单指令方式执行这段程序,可以查看到每条指令的执行结果。

在命令行提示符状态下输入:

```
T 2000↙
```

寄存器 R0 被赋值为 AAAAH。

```
T↙
```

寄存器 R1 被赋值为 5555H。

```
T↙
```

做加法运算,和保存进 R0,R0 的值变为 FFFFH。

```
T↙
```

做与运算,结果放在 R0,R0 的值变为 5555H。

5.2 汇编程序设计实验

设计汇编语言程序之前,初步看清教学机的基本指令系统的构成以及典型指令的功能、指令格式、选用的寻址方式等十分必要,还要对指令代码和汇编语句的对应关系有基本认识,这是本实验要重点学习、深入理解的内容。首先给出教学机的基本指令汇总表(见表 5.1)。

表 5.1 基本指令汇总表

指 令 格 式	汇 编 语 句	操作数个数	CZVS	功 能 说 明
00000000 DRSR	ADD DR,SR	2	****	DR←DR+SR
00000001 DRSR	SUB DR,SR	2	****	DR←DR−SR

续表

指令格式	汇编语句	操作数个数	CZVS	功能说明
00000011 DRSR	CMP DR,SR	2	****	DR－SR
00000010 DRSR	AND DR,SR	2	·*·*	DR←DR and SR
00000100 DRSR	XOR DR,SR	2	·*·*	DR←DR xor SR
00000101 DRSR	TEST DR,SR	2	·*·*	DR and SR
00000110 DRSR	OR DR,SR	2	·*·*	DR←DR or SR
00000111 DRSR	MVRR DR,SR	2	····	DR←SR
00001000 DR0000	DEC DR	1	****	DR←DR－1
00001001 DR0000	INC DR	1	****	DR←DR＋1
00001010 DR0000	SHL DR	1	*···	DR,C←DR * 2
00001011 DR0000	SHR DR	1	*···	DR,C←DR/2
01000001 OFFSET	JR ADR	1	····	无条件跳转到 ADR
01000100 OFFSET	JRC ADR	1	····	C＝1 时跳转到 ADR
01000101 OFFSET	JRNC ADR	1	····	C＝0 时跳转到 ADR
01000110 OFFSET	JRZ ADR	1	····	Z＝1 时跳转到 ADR
01000111 OFFSET	JRNZ ADR	1	····	Z＝0 时跳转到 ADR
10000010 I/OPORT	IN I/O PORT	1	····	R0←[I/O PORT]
10000110 I/O PORT	OUT I/O POR	1	····	[I/O PORT]←R0
10000000 0000000 ADR(16 位)	JMPA ADR	1	····	无条件跳转到 ADR
10001000 DR0000 ADR(16 位)	MVRD DR,DATA	2	····	DR←DATA
10000001 DRSR	LDPC PC,[SR]	2	····	PC←[SR]
10001001 DRSR	LDRR DR,[SR]	2	····	DR←[SR]
10000011 DRSR	STRR [DR],SR	2	····	[DR]←SR
10000101 0000SR	PUSH SR	1	····	SR 入栈
10000111 DR0000	POP DR	1	····	DR←出栈
10000100 00000000	PSHF	0	····	FLAG 入栈
10001100 00000000	POPF	0	****	FLAG 出栈
10001111 00000000	RET	0	····	子程序返回
11001110 00000000 ADR(16 位)	CALA ADR	1	····	调用首地址为 ADR 的子程序

注：1. 表中 CZVS 一列，指令之行后，* 表示相关状态位会被重置；· 表示不会被修改。

2. 运算器芯片中有 16 个通用寄存器(累加器)R0～R15，其中：R4 用作堆栈指针 SP，其余的用作通用寄存器，IN、OUT 指令默认使用寄存器 R0。

用 A 命令输入汇编语言源程序，之后运行并观察执行结果。

例 5.1 设计一个小程序，从键盘上接收一个字符并在屏幕上输出显示该字符。

(1) 在命令行提示符状态下输入。

```
A 2000↙                                    ;
```

屏幕将显示：

```
2000:
```

输入以下形式的程序：

```
2000:IN 81                   ;判断键盘上是否按了一个键
2001:SHR R0                  ;即串行口是否有了输入的字符
2002:SHR R0
2003:JRNC 2000               ;未输入完,则循环测试
2004:IN 80                   ;接收一个字符
2005:OUT 80↙                 ;在屏幕上输出显示刚输入的字符
2006:RET↙                    ;每个用户程序都必须用 RET 指令结束
2007:↙                       ;(按 Enter 键即可结束输入过程)
```

注意:在十六位机中,基本 I/O 接口的地址是确定的,数据口的地址为 80,状态口的地址为 81。

(2) 用“G”命令运行程序。

在命令行提示符状态下输入:

```
G 2000↙
```

执行上面输入的程序。

光标闪烁等待输入,用户从键盘输入字符后,屏幕会显示该字符。

例 5.1 建立了一个从主存 2000H 地址开始的小程序。在这种方式下,所有的数字都约定使用十六进制数,故数字后不用跟字符 H。每个用户程序的最后一个语句一定为 RET 汇编语句。因为监控程序是选用类似子程序调用方式使实验者的程序投入运行的,用户程序只有用 RET 语句结束,才能保证程序运行结束时能正确返回到监控程序的断点,保证监控程序能继续控制教学机的运行过程。

例 5.2 设计一个小程序,用次数控制在终端屏幕上输出'0'~'9'这 10 个数字符。

(1) 在命令行提示符状态下输入:

```
A 2020↙
```

屏幕将显示:

```
2020:
```

从地址 2020H 开始输入如下程序:

```
2020:MVRD R2,000A            ;送入输出字符个数
2022:MVRD R0,0030            ;"0"字符的 ASCII 码送寄存器 R0
2024:OUT 80                  ;输出保存在 R0 低位字节的字符
2025:DEC R2                  ;输出字符个数减 1
2026:JRZ 202E                ;判断 10 个字符输出是否完成,已完则转程序结束处
2027:PUSH R0                 ;未完,保存 R0 的值到堆栈中
2028:IN   81                 ;查询接口状态,判字符串行输出是否完成
2029:SHR R0
202A:JRNC 2028               ;未完成,则循环等待
202B:POP R0                  ;已完成,从堆栈恢复 R0 的值,准备继续输出
202C:INC R0                  ;得到下一个要输出的字符
202D:JR   2024               ;转去输出字符
202E:RET
```

```
202F:↙
```

该程序的执行码放在2020H起始的连续内存区中。若输入源码的过程中有错，系统会进行提示，等待重新输入正确汇编语句。在输入过程中，在应输入语句的位置直接按Enter键结束输入过程。

(2) 使用G命令运行程序。

在命令行提示符状态下输入：

```
G 2020↙
```

执行结果为：

```
0123456789
```

思考题：若把IN 81、SHR R0、JRNC 2028语句换成3个MVRR R0,R0语句，该程序执行过程会出现什么现象？试分析并实际执行一次。

提示：该程序改变这3条语句后，若用T命令单条执行，会依次显示0～9这10个数字。若用G命令运行程序，程序执行速度快，端口输出速度慢，这样就会跳跃输出，会丢失某些字符。例如，输入G 2020命令，屏幕可能显示09。

类似地，若要求在终端屏幕上输出'A'～'Z'共26个英文字母，应如何修改例5.2中给出的程序？请验证。

参考答案：

在命令行提示符状态下输入：

```
A 2100↙
```

屏幕将显示：

```
2100:
```

从地址2100H开始输入如下程序：

```
(2100)MVRD R2,001A              ;循环次数为26
      MVRD R0,0041              ;字符"A"的值
(2104)OUT 80                    ;输出保存在R0低位字节的字符
      DEC R2                    ;输出字符个数减1
      JRZ 210E                  ;判断26个字符输出是否完成,已完,则转移到程序结束处
      PUSH R0                   ;未完成,则保存R0的值到堆栈中
(2108)IN 81                     ;查询接口状态,判字符串行是否输出完成
      SHR R0
      JRNC 2108                 ;未完成，则循环等待
      POP R0                    ;已完成，准备输出下一字符,从堆栈恢复R0的值
      INC R0                    ;得到下一个要输出的字符
      JR 2104                   ;转去输出字符
(210E)RET
```

用G命令执行该程序,屏幕上显示A～Z这26个英文字母。

例5.3 从键盘上连续输入多个属于'0'～'9'的数字符并在屏幕上显示，遇到非数字字

符结束输入过程。

(1) 在命令行提示符状态下输入:

```
A 2040↙
```

屏幕将显示:

```
2040:
```

从地址2040H开始输入如下程序:

```
(2040)MVRD R2,0030                    ;用于判断数字符的下界值
      MVRD R3,0039                    ;用于判断数字符的上界值
(2044)IN 81                           ;判断键盘上是否按了一个键
      SHR R0                          ;即串行口是否有了输入的字符
      SHR R0
      JRNC 2044                       ;没有输入则循环测试
      IN 80                           ;输入字符到 R0
      MVRD R1,00FF
      AND R0,R1                       ;清零 R0 的高位字节内容
      CMP R0,R2                       ;判断输入字符≥字符'0'否
      JRNC 2053                       ;为否,则转到程序结束处
      CMP R3,                         ;判断输入字符≤字符'9'否
      JRNC 2053                       ;为否,则转到程序结束处
      OUT 80                          ;输出刚输入的数字符
      JMPA 2044                       ;转去程序前边 2044 处等待输入下一个字符
(2053)RET
```

(2) 在命令行提示符状态下输入:

```
G 2040↙
```

光标闪烁等待键盘输入,若输入0~9这10个数字符,则在屏幕上回显;若输入非数字符,则屏幕不再显示该字符,出现命令提示符,等待新命令。

思考题:本程序中为什么不必判别串行口输出完成否?设计输入'A'~'Z'和'0'~'9'的程序,遇到其他字符结束输入过程。

例5.4 计算1~10的累加和。

(1) 在命令行提示符状态下输入:

```
A 2060↙
```

屏幕将显示:

```
2060:
```

从地址2060H开始输入如下程序:

```
(2060)MVRD R1,0000                    ;设置累加和的初值为 0
      MVRD R2,000A                    ;最大的加数
      MVRD R3,0000
```

```
(2066)INC R3              ;得到下一个参加累加的数
      ADD R1,R3           ;累加计算
      CMP R3,R2           ;判断是否累加完成
      JRNZ 2066           ;未完成，则开始下一轮累加
      RET
```

(2) 在命令行提示符状态下输入：

```
G 2060↙
```

运行过后，可以用R命令观察累加器的内容。R1的内容为累加和。

结果为：

```
R1=0037 R2=000A R3=000A
```

例5.5 设计一个有读写内存和子程序调用指令的程序，功能是读出内存中的字符，将其显示到显示器的屏幕上，转换为小写字母后再写回存储器原存储区域。

(1) 将被显示的6个字符'A'～'F'送入到内存20F0H开始的存储区域中。

在命令行提示符状态下输入：

```
E 20F0↙
```

屏幕将显示：

```
20F0    内存单元原值:
```

按下列格式输入：

```
20F0  内存原值:0041  内存原值:0042  内存原值:0043
      内存原值:0044  内存原值:0045  内存原值:0046↙
```

在命令行提示符状态下输入：

```
G 2040↙
```

从地址2080H开始输入如下程序：

```
(2080)MVRD R3,0006        ;指定被读数据的个数
      MVRD R2,20F0        ;指定被读、写数据内存区首地址
(2084)LDRR R0,[R2]        ;读内存中的一个字符到R0寄存器
      CALA 2100           ;指定子程序地址为2100,调用子程序,完成显示、转换并
                           写回的功能
      DEC R3              ;检查输出的字符个数
      JRZ 208B            ;完成输出则结束程序的执行过程
      INC R2              ;未完成,修改内存地址
      JR 2084             ;转移到程序的2084处,循环执行规定的处理
(208B)RET
```

从地址2100H开始输入下列程序：

```
(2100)OUT 80              ;输出保存在R0寄存器中的字符
      MVRD R1,0020
```

```
       ADD R0,R1                  ;将保存在 R0 中的大写字母转换为小写字母
       STRR [R2],R0               ;写 R0 中的字符到内存,地址同 LOD 所用的地址
(2105) IN 81                      ;测试串行接口是否完成输出过程
       SHR R0
       JRNC 2105                  ;未完成输出过程则循环测试
       RET                        ;结束子程序执行过程,返回主程序
```

(2) 在命令行提示符状态下输入:

```
G 2080↙
```

屏幕显示运行结果为:

```
ABCDEF
```

(3) 在命令行提示符状态下输入:

```
D 20F0↙
```

20F0H~20F5H 内存单元的内容为:

```
0061  0062  0063  0064  0065  0066
```

这样,保存在内存中的 6 个大写字母变为小写字母。

例 5.6 设计一个程序在显示器屏幕上循环显示 95 个(包括空格字符)可打印字符。

(1) 在命令行提示符状态下输入:

```
A 20A0↙
```

屏幕将显示:

```
20A0:
```

从地址 20A0H 开始输入如下程序:

```
A  20A0              ;从内存的 20A0 单元开始建立用户的第一个程序
20A0:  MVRD R1,7E    ;向寄存器传送立即数
20A2:  MVRD R0,20
20A4:  OUT 80        ;通过串行接口输出 R0 低位字节内容到显示器屏幕
20A5:  PUSH R0       ;保存 R0 寄存器的内容到堆栈中
20A6:  IN 81         ;读串行接口的状态寄存器的内容
20A7:  SHR R0        ;R0 的内容右移一位,最低位的值移入标志位 C
20A8:  JRNC 20A6     ;条件转移指令,当标志位 C 不是 1 时就转到 20A6 地址
20A9:  POP R0        ;从堆栈中恢复 R0 寄存器的原内容
20AA:  CMP R0,R1     ;比较两个寄存器的内容是否相同,相同,则标志位 Z=1
20AB:  JRZ 20A0      ;条件转移指令,当标志位 Z 为 1 时转到 20A0 地址
20AC:  INC R0        ;把 R0 寄存器的内容增加 1
20AE:  JR 20A4       ;无条件转移指令,一定转移到 20A4 地址
20AF:  RET           ;子程序返回指令,程序结束
```

(2) 在命令行提示符状态下输入：

```
G 20A0↙
```

运行过后，可以观察到显示器上会显示出所有可打印的字符。

上述例子都是用监控程序的 A 命令完成输入源汇编程序的。在涉及汇编语句标号的地方不能用符号表示，只能在指令中使用绝对地址。使用内存中的数据，也由程序员给出数据在内存中的绝对地址。显而易见，对这样的短小程序矛盾并不突出，但很容易想到，对很大的程序一定会遇到相当大的困难。

在用 A 命令输入汇编源语句的过程中，有一定用机经验的人，常常抱怨 A 命令中未提供适当的编辑功能，这并不是设计者的疏漏，因为通常并不在这种操作方式下设计较长的程序，这种工作应转到提供了交叉汇编程序的 PC 上去完成。相反的情况是，输入上述小程序，用监控程序的 A 命令完成，往往比用交叉汇编完成更简便。

第6章 部件组合和构建计算机整机系统的实验

6.1 硬布线控制器部件设计和构建 CPU 系统（运算器+控制器）实验

【实验目的】

- 理解计算机硬布线控制器功能和组成的基础知识。
- 理解计算机各类典型指令的执行流程。
- 学习组合逻辑控制器的设计过程、实现方法和相关技术。
- 学习构建 CPU 系统。

【实验说明】

最基本、简单的 CPU 由控制器和运算器两部分组成，在此之前，已经在脱机的运算器部件实验中学习过运算器部件的功能、组成和控制其运行的方案，现在需要的是再设计实现一个硬布线控制器部件，就可以用两者组成一个简单的 CPU 系统，如在第 1 章给出的图 1.1 左部所示，设计实现控制器部件是本次实验的重点工作。

当前通用计算机中常用的有两种类型的控制器，即硬布线控制器和微程序控制器，这里所用的实验设备对两种方案都可以支持，并且可以分成两次安排两种控制器的教学实验，考虑到硬布线控制器的设计实现更为简单，掌握原理和实验操作更加容易，首先选择硬布线控制器实验是合理的。

控制器是计算机的五大功能部件之一，其功能是向整机系统的每个部件（包括控制器部件本身）提供它们协同运行所需要的控制信号。硬布线控制器的基本组成包括以下 4 个子部件。

(1) 程序计数器 PC，用于保存下一条将要执行的指令在内存中的地址，有增量功能，并可以接收新的指令地址。

(2) 指令寄存器 IR，用于保存当前正在执行的指令的第一个指令字内容。

(3) 节拍发生器 Timing，用节拍的不同编码来区分和表示指令的执行步骤，节拍发生器由几个触发器构成，是典型的时序逻辑电路。

(4) 控制信号产生部件 CU，用于产生计算机各部件使用的控制信号，通常可以选用可现场编程、高集成度的、支持与或两级逻辑阵列的器件实现。

此外，还包括响应与处理中断的逻辑电路，这些内容将安排到中断实验的章节进行讲解。

实验计算机的硬布线控制器选用一片现场可编程的CPLD类型ispMACH芯片(型号是LC4256V)和两片SN74LS377芯片实现。用SN74LS377芯片实现IR，在MACH芯片中实现PC、Timing和CU三部分电路。此外，还在MACH芯片内设置了计算指令地址专用的加法器ADDER、暂存程序断点的寄存器NPC、内存读写用到的地址寄存器AR、记忆运算器标志位信息的Flag电路。还把中断实验用到的电路也纳入到MACH芯片之内。

为了在扩展指令实验的过程中方便调试，还可以在MACH芯片内补充实现由16个字组成的一个ROM电路，专用于保存由指令代码组成的小的调试程序，这很有特色。

MACH芯片内部的电路逻辑框图如图1.3所示。

【实验内容和实验操作】

阅读教师提供的实现ADD、AND、MVRD、JMPA这4条指令的ABEL语言的程序，将其复制到PC中指定的工程(文件夹)，对其执行编译操作，并将.jed类型的结果文件下载到CPLD芯片，之后运行与运算器部件组成的CPU系统。可在MACH芯片内的小ROM中编辑一个包含这4条指令的程序，通过运行该程序检查硬件电路设计和执行结果的正确性。

在完成前一项实验的基础上，再由学生自己扩展实现SUB、SHR、JRNC这3条指令，并参照前面的操作步骤，调试运行支持7条指令的新的CPU系统，检查其运行的正确性。即在MACH芯片内的小ROM中编辑建立一个包含7条指令的程序，通过运行该程序检查执行结果的正确性，来初步判断你的设计是否正确；如果有问题，查清出错原因并改正，继续调试，直到完全正确。

下面给出实现4条基本指令的硬布线控制器的ABEL语言源程序，并作简单说明。

```
MODULE TEC_new                                              "程序的头段,模块名
TITLE  'controller component'                               "标题名
                "inst_11_rom.abl                            注释行,程序文件名
DECLARATIONS                                                "程序的说明段
RESET,CLK       pin 151,68;                                 "系统复位和时钟信号
Cy,Zero,ram0    pin 169,171,139;                            "运算器产生的标志位信息,移位输出信号
IR15..IR0       pin 64..57,54..47;                          "指令寄存器
"AB15..AB0      pin 87..80,77..70;                          ""地址总线
DB15..DB0       pin 24,23,26,25,28,27,30,29,32..39 istype 'com';       "数据总线
MIO,REQ,WE      pin 95,94,93    istype 'com';        "控制内存和串口的信号
I8..I0          pin 14..21, 135 istype 'dc,com';     "控制运算器的信号
B3..B0,A3..A0   pin 9..12, 5..8 istype 'com';
aluoe,ram15,c0  pin 136,137,141 istype 'dc,com';
T2..T0          pin 162,160,158;                     "显示节拍编码
F_C,  F_Z       pin 168,170;                         "显示节拍信息
IR_G,IR_clk     pin 174,175;                         "用于指令寄存器的信号
pc15..pc0             node istype 'reg,keep';        "程序计数器
ar15..ar0             node istype 'reg,keep';        "地址寄存器
```

```
t_2..t_0,flag_c,flag_z node istype 'reg,keep';       "节拍发生器,标志位触发器
A_,B_, temp3           node istype 'dc,com';         "中间信号
sum15..sum0            node istype 'com';            "指令地址加法器 ADDER
wk15..wk0,cy15..cy1    node istype 'com';            "用于 ADDER
flag_c_ce,flag_z_ce    node istype 'com';            "用于标志位
pc_ce, ar_ce ,DB_oe    node istype 'com';            "用于 PC、AR、DB
c,z,x=.C.,.Z.,.X.;                    M_R_W=[MIO,REQ,WE];           "说明专用常量和集合
pc=[pc15..pc0];                       "ar=[ar15..ar0];
DB=[DB15..DB0];                       AB=[AB15..AB0];
timing=[t_2..t_0];                    cif=(timing ==[0,0,0]);
cexe=(timing==[0,1,0]);               cmem=(timing==[0,1,1]);
ir_op=[IR15..IR8];                    sum=[sum15..sum0];
ADD=(ir_op==[0,0,0,0,0,0,0,0]); AND=(ir_op==[0,0,0,0,0,0,1,0]); "4条实例指令
MVRD=(ir_op==[1,0,0,0,1,0,0,0]); JMPA=(ir_op==[1,0,0,0,0,0,0,0]);
SUB=(ir_op==[0,0,0,0,0,0,0,1]); SHR=(ir_op==[0,0,0,0,1,0,1,1]); "第1次扩展3条指令
JRNC=(ir_op==[0,1,0,0,0,1,0,1]);
LDRR=(ir_op==[1,0,0,0,0,0,0,1]); STRR=(ir_op==[1,0,0,0,0,0,1,1]);"第2次扩展2条指令
IN_(ir_op==[1,0,0,0,0,0,1,0]);  OUT=(ir_op==[1,0,0,0,0,1,1,0]); "第3次扩展2条指令
EQUATIONS                                                  "程序的逻辑描述段
  @include 'adder_pc.abl'                                  "描述计算指令地址的加法器的一段程序
  T2=t_2;      T1=t_1;      T0=t_0;                        "显示节拍编码
  F_C=flag_c;  F_Z=flag_z;                                 "显示标志位状态
  pc_ce=RESET #!RESET&(cif#cexe&(MVRD#JMPA));              "PC的写入使能信号
  pc.clk=CLK;  timing.CLK=CLK;pc.ce=pc_ce;                 "PC和Timing的时钟信号
  when RESET then {pc=0; timing:=0;} else                  "系统复位时清零 PC 和 Timing
    { when cif then timing :=[0,1,0];                      "节拍发生器的状态转换
      when cif then pc=sum;                                "程序计数器的接收控制 PC+1→PC
      when cexe&MVRD then pc=sum;                          "PC+1→PC
     when cexe&JMPA then pc=DB; }                          "PC接收转移地址(第2个指令字)
  flag_c_ce =cexe&(ADD#SHR);  flag_c.clk=CLK;   flag_c.ce=flag_c_ce;
  when cexe& SHR then        flag_c=ram0;                  " flag_c接收
  when cexe&(ADD#SUB)then flag_c=Cy;
  flag_z_ce =cexe&(ADD#AND);  flag_z.clk=CLK;   flag_z.ce=flag_z_ce;
  when cexe&(ADD#SUB#AND)then flag_z=Zero;                 " flag_z接收

  IR_G=!cif;      IR_clk=CLK;                              "指令寄存器的接收条件和时钟信号
  DB_oe=cif#cexe&(MVRD#JMPA); DB.oe=DB_oe;                 "允许送小 ROM 的读出到数据总线
                                                           "确定两个通用寄存器的编号
  when([A_,B_]==[0,0])then {[B3..B0]=[IR7..IR4]; [A3..A0]=[IR3..IR0];}
  when([A_,B_]==[0,1])then {[B3..B0]=[0,1,0,0];  [A3..A0]=[0,1, 0,0];}
  when([A_,B_]==[1,0])then {[B3..B0]=[0,0,0,0];  [A3..A0]=[0,0, 0,0];}
  ram15=0;   ram15.oe=!I7;                                 "寄存器内容右移时的最高位输入
TRUTH_TABLE                                       "选用真值表描述控制运算器、内存和串口的信号
([t_2..t_0,IR15..IR8]->[aluoe,c0,I8..I6,I5..I3,I2..I0,A_,B_,MIO,REQ,WE])" flag
[0,0,0, x,x,x,x,x,x,x,x]->[1,0,  0,0,1, 0,0,0, 0,0,0, 0,0, 1,0,0];
```

```
                                                      "取指,MEM→IR, PC+1→PC
[0,1,0, 0,0,0,0,0,0,0,0]->[0,0,  0,1,1, 0,0,0, 0,0,1, 0,0, 1,0,0];
                                                      "ADD  DR+SR→DR c,z
[0,1,0, 0,0,0,0,0,0,1,0]->[0,0,  0,1,1, 1,0,0, 0,0,1, 0,0, 1,0,0];
                                                      "AND  DR&SR→DR 0,z
[0,1,0, 1,0,0,0,0,0,0,0]->[1,0,  0,0,1, 0,0,0, 0,0,0, 0,0, 1,0,0];
                                                      "JMPA MEM→PC
[0,1,0, 1,0,0,0,1,0,0,0]->[1,0,  0,1,1, 0,0,0, 1,1,1, 0,0, 1,0,0];
                                                      "MVRD MEM→DR, PC+1→PC
TRUTH_TABLE                                           "保存测试程序的 ROM 电路
([pc3..pc0] ->[DB15..DB0])                            "测试 4 条实例指令的程序
  [0,0,0,0] ->[1,0,0,0,1,0,0,0, 0,0,0,0, 0,0,0,0];    "MVRD R0,4e
  [0,0,0,1] ->[0,0,0,0,0,0,0,0, 0,1,0,0, 1,1,1,0];    "004e
  [0,0,1,0] ->[1,0,0,0,1,0,0,0, 0,0,0,1, 0,0,0,0];    "MVRD R1,2137
  [0,0,1,1] ->[0,0,1,0,0,0,0,1, 0,0,1,1, 0,1,1,1];    "2137
  [0,1,0,0] ->[0,0,0,0,0,0,1,0, 0,0,0,0, 0,0,0,0];    "AND  R0,R0
  [0,1,0,1] ->[0,0,0,0,0,0,0,0, 0,0,0,1, 0,0,0,0];    "ADD R1,R0
  [0,1,1,0] ->[1,0,0,0,0,0,0,0, 0,0,0,0, 0,0,0,0];    "JMPA 0000
  [0,1,1,1] ->[0,0,0,0,0,0,0,0, 0,0,0,0, 0,0,0,0];    "0000
END                                                   "程序的结束段
```

这个 ABEL 程序由 4 个基本段组成,包括头段、说明段、逻辑描述段、结束段,符合 ABEL 语言的规定。

头段由程序开始的前 3 行组成,用标识符给出工程项目模块名,用字符串给出程序标题名,用注释指出程序的文件名。结束段是程序的最后一个语句 END,表明程序至此全部结束。

在说明段给出了以下 3 部分内容。

(1) MACH 芯片的输入输出信号名称及其对应的器件管脚号,并以注释方式指出各自在逻辑电路中的用法或功能。

(2) 给出了 MACH 芯片的内部节点信号名称和类型,也以注释方式指出各自在逻辑电路中的用法或功能,内部节点不与器件管脚相关联。

(3) 给出了程序中选用的专用常量和集合,表示节拍编码和指令的标识符等,这对于简化 ABEL 程序编写、提高程序的可读性非常有用。

在逻辑描述段描述了芯片内部电路的逻辑功能及其连接关系,包括以下 3 部分电路。

(1) 在 MACH 芯片内部的时序逻辑电路,包括程序计数器 PC、内存地址寄存器 AR、节拍发生器 Timing、标志位触发器 flag_c 和 flag_z,都是选用逻辑方程语句进行描述的。依据这些电路要在哪条指令(依据指令操作码)的哪一个执行步骤(依据节拍编码)接收从哪里传送给它的信息,或者需要送出它的当前信息到何处(哪个电路)去,来写出对应的逻辑方程式,这最为简捷直观,在加了详细注释的 ABEL 程序中可以看得很清楚。

例如,程序中的 when RESET then {pc=0; timing:=0;} else {…} 语句表明了在系统复位时要对 timing 清零,之后每来一个时钟脉冲都应切换为一个新的节拍状态,状态转换关系是:在 000 状态时将无条件转换为 010 状态,在 010 状态时将转回 000 状态(不必明确写出来);在这种运行情况下,用语句 timing.CLK=CLK 为其指定时钟信号。

类似的是,指令寄存器PC也需要在系统复位时被清零,但此后它只在某些条件下才接收新值,否则应保持不变,为此需要指定PC为带有接收使能控制的寄存器,会用到 pc.ce 语句,并且需要具体规定PC的接收条件和接收的信息内容,正如 when cif then pc=sum; 等几个语句所表示的。此处向PC赋值的赋值符是"=",而不再是":="。为准确理解这些语句,需要阅读本书附录A中的有关内容。寄存器电路需要在哪条指令的哪一个执行步骤接收输入、接收的是什么信息,已经在真值表的注释部分给出。

(2) 在MACH芯片内的组合逻辑电路(主要是CU电路产生的输出信号),是选用真值表方式进行描述的。真值表的输入变量是节拍编码和指令操作码,能准确清楚地表明每一行对应的是哪一条指令(依据指令操作码)的哪一个执行步骤(依据节拍编码),输出变量是提供给MACH芯片外部的运算器、存储器和串行接口部件的控制信号。在每一行的注释部分给出了指令对应的汇编语句名称,运算器、存储器和串行接口部件完成的功能,用作为填写真值表每一行各组控制信号的取值的依据,还给出了寄存器电路是否要接收输入、接收的是什么信息等内容,作为写出控制这些时序电路运行的逻辑方程的依据。确定真值表中每一行中各组控制信号的取值是设计硬连线控制器的重要环节,规则容易理解,就是把指令的这一个执行步骤的操作功能细化为16位的控制信号,需要查看表4.1和表4.2给出的规定,还要避免出现使用数据总线DB的冲突。

选用真值表设计控制器部件的CU线路是一次设计手段的重大改变,使ABEL程序的可读性更强,也无须设计者花费大量的时间和精力去写每一位控制信号的逻辑方程式,而是把这项工作改由系统中的工具软件来完成,之后设计者可以随时查看到这些逻辑方程式,这对找出并改正程序中的错误是有帮助的。

(3) 在MACH芯片内实现的小容量的ROM电路(用于保存测试程序),也是选用真值表进行描述的,这一电路与前两部分电路不同,它不是控制器部件的一个必要组成部分,只是为了方便测试已实现的4条指令而特别设置的。这个小ROM中的程序内容使用ABEL语言描述,修改起来非常容易,而反复变动内存芯片中的内容就不那么直接和方便,更何况现在的CPU尚未与内存储器部件实现连接。

请注意,这里的调试程序是使用指令代码编程并用汇编语句作为注释,明显增加了程序的可读性,也有助于熟悉指令代码和汇编语句的对应关系。

这次的实验可以分成两个步骤进行。

(1) 检查设计实现的控制器本身是否正确运行,可以关闭运算器芯片的电源,等同于运算器部件退出系统,则此时只有控制器部件在运行,可以称此时进行的是脱机控制器实验。把控制器输出的21位控制信号接到指示灯,观察每条指令的每一个步骤输出的这21位信号是否是设计的结果;观察指令寄存器IR、节拍发生器Timing、数据总线DB、地址总线AB的指示灯显示的结果是否正确。请注意,在用到运算器的执行步骤中会遇到一些问题,但对检查控制器给出的控制信号是否正确并无影响。

(2) 打开运算器芯片的电源开关,使控制器和运算器两个部件同时运行,此时进行的才是CPU系统的实验,此时要检查、判断每条指令的执行结果是否正确,还是通过看前面提到的那些指示灯的显示内容来确定。

6.2 主机系统(CPU+内存)的设计与实现实验

【实验目的】

- 了解内存储器和主机的连接方式。
- 理解读写内存指令的格式、用到的寻址方式。
- 理解读写内存指令的执行步骤和实现技术。

【实验说明】

内存储器是计算机系统的五大功能部件之一,分担保存系统中正在运行的程序和相关数据的功能。内存需要通过地址总线 AB、数据总线 DB 与计算机主机实现连接,还需要 CPU 提供执行读写操作的控制信号。

在实验设备中,基本存储器是选用静态存储器芯片实现的,由 8KB 的 ROM、2KB 的 RAM 两个存储区组成,另外还有 8KB 的 ROM 芯片(也可以换成 2KB 的 RAM 芯片),用于扩展基本存储器的容量,此时需要通过排线连接 AB 和 EAB、DB 和 EDB 两类总线,并为扩展用的存储器芯片提供正确的控制信号,从而可以组成总容量为 18KB 的一个存储体。

LDRR、STRR 两条指令都由 8 位的操作码字段和两个 4 位的寄存器编号的地址码字段构成,两个寄存器都可以选用寄存器寻址(用于送出或接收内存数据)或寄存器间接寻址(用于提供内存地址),两条指令都需要在读取指令之后再用两个步骤完成,第一个步骤送地址信息到地址寄存器 AR,第二个步骤完成数据读写功能。

【实验内容和实验操作】

(1) 在进行存储器芯片读写实验、脱机的存储器部件实验的过程中,已经掌握了存储器芯片读写和基本存储器部件操作的基础知识,现在要开展的实验是把基本存储器部件和 CPU 组合在一起构成主机系统,即在已经实现 7 条指令的基础上,再扩展 LDRR、STRR 这两条读写内存的指令,使主机系统得以通过指令来控制内存读写操作。之后就可以调试运行由 9 条指令构成的测试程序,重点检查是否可以正确地执行基本内存的读写功能。

(2) 使用 8KB 的 ROM 芯片或 2KB 的 RAM 芯片扩展基本存储器的容量,此时需要完成必要的连线操作。

完成这两项实验的操作步骤与前面已经做过的实验有些类似,这里不再赘述。

6.3 整机系统(CPU+内存+串口和输入输出设备)的设计与实现实验

【实验目的】

- 了解串行接口、输入输出设备的功能以及和主机系统的连接方式。
- 理解输入输出指令的格式、用到的寻址方式。
- 理解输入输出指令的执行步骤和实现技术。

【实验说明】

计算机的整机由计算机主机系统和输入输出设备两部分构成,而设备则需要通过接口电路与主机实现连接,接口的一端接到计算机总线,另一端连接设备,从而实现主机与设备之间的信息交换,也就是通常所说的执行输入输出操作的功能。

在实验设备中,接口电路选用的是两片 Intel 8251 串行接口芯片,输入输出设备是用 PC 实现的仿真终端,键盘被用作输入设备,显示屏幕用作输出设备,实现主机和入出设备之间的字符传送功能。主机和接口之间以并行方式传输字符的 8 位 ASCII 码,接口与入出设备之间以串行方式传送二进制信息的每一位值,这在脱机的串口芯片读写实验中已经讲解清楚。

在设计中,输入输出指令的格式都由 8 位的操作码和 8 位的 IO 端口地址构成,并使用默认的 R0 作为送出输出数据和接收输入数据的寄存器,两条指令都可以在读取指令之后再用一个步骤来完成。

【实验内容和实验操作】

本次实验的内容是把串行接口、PC 仿真终端和已经实现了的主机组合起来,构成一台较为完备的整机系统,使系统拥有计算机传统的全部 5 个功能部件,就能通过指令来控制输入输出操作,即在已经实现了 9 条指令的基础上,再扩展 IN_、OUT 这两条输入输出指令,之后就可以调试运行由 11 条指令构成的测试程序,重点检查是否可以正确地执行数据(字符)的输入输出功能。

完成这两项实验的操作步骤与前面已经做过的实验有些类似,这里不再赘述。

对前几节的内容可以小结如下。精选的 11 条指令包括多种指令格式和寻址方式,能控制运行计算机各个部件,可以设置专用电路存放调试程序。

其中的 4 条实例指令有很好的典型性,可为扩展指令提供必要的原理知识和设计技术,全部指令的取指操作都用一个步骤完成。

ADD、AND 使用双寄存器,选用寄存器寻址方式,执行双寄存器的算术运算和逻辑运算,取指后用一个步骤完成。

MVRD、JMPA 是双字指令,MVRD 选用寄存器和立即数寻址,传送立即数到通用寄存器,JMPA 选用直接地址寻址,传送指令地址到 PC, 两者都能在取指之后用一步完成。

第一次扩展的 3 条指令,SUB 指令与实例指令类似,JRNC 实现指令的相对转移功能,SHR 使用单寄存器,完成寄存器内容右移一位功能,取指之后都可以用一个步骤完成。调试运行由 7 条指令构成的测试程序时,重点检查新扩展的 3 条指令是否可以正确执行。

第二次扩展的两条指令,LDRR、STRR 选用寄存器寻址和寄存器间接寻址,完成内存的读写功能,取指之后用两个步骤完成。调试运行由 9 条指令构成的测试程序时,重点检查新扩展的两条内存读写指令是否可以正确执行。

第三次扩展的两条指令,IN_、OUT 选用寄存器寻址(默认 R0)和 IO 端口寻址,经串口完成串行设备的输入输出功能, 取指之后用一个步骤完成。调试运行由 11 条指令构成的测试程序时,重点检查新扩展的两条输入输出指令是否可以正确执行。此时可以把测试程序保存到教学计算机的存储器部件中,并相应地修改 ABEL 语言的源程序,使得教学计算机硬件系统更接近常规计算机硬件系统的实际情况。

6.4 微程序控制器设计和CPU(控制器+运算器)系统实现的实验(选做)

【实验目的】

- 了解计算机微程序控制器的功能和组成的基本知识。
- 了解计算机各类典型指令的执行流程。
- 学习微程序控制器的设计过程、实现方法和相关技术。
- 加深理解CPU系统的功能、构成和实现。

【实验说明】

简单的CPU由控制器和运算器两部分组成,在此之前,已经做过脱机的运算器部件实验,对运算器部件的功能、组成和控制其运行的方案有所了解,之后又完成了硬布线控制器设计,还用它与运算器构成CPU并进行了系统调试运行实验。现在需要的是再设计实现一个微程序控制器部件来替代原来的硬布线控制器,重新与运算器部件构建一个CPU系统,如在第1章给出的图1.1左部所示,设计实现微程序控制器部件是本次实验的重点工作。

控制器是计算机的五大功能部件之一,其功能是向整机系统的每个部件(包括控制器部件本身)提供它们协同运行所需要的控制信号。在实验设备中,微程序控制器的基本组成包括4个子部件,其组成框图如图6.1所示。

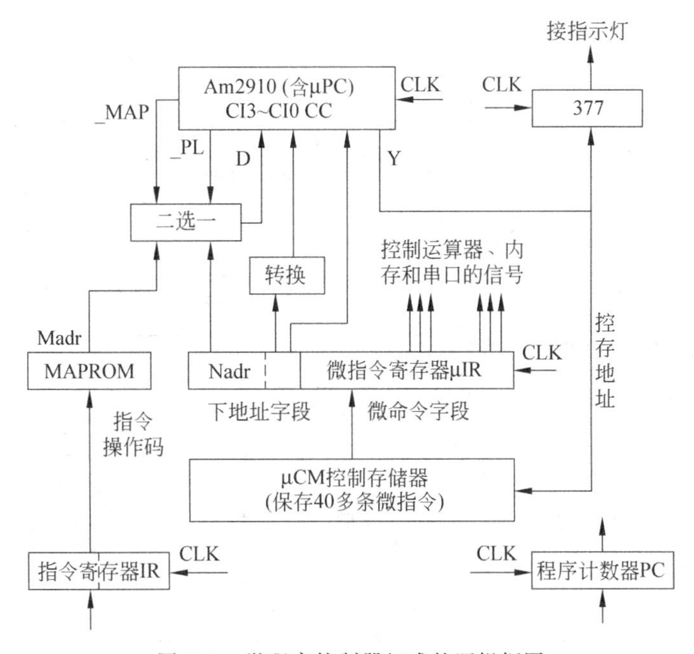

图6.1 微程序控制器组成的逻辑框图

(1) 程序计数器 PC 设置在 MACH 芯片内,用于保存下一条将要执行的指令在内存中的地址,有增量功能,并可以接收新的指令地址。

(2) 指令寄存器 IR 用于保存当前正在执行的指令内容,设置在设备的主电路板上。

(3) 控制存储器 μCM 用于保存由微指令组成的微程序,微指令寄存器 μIR 用于暂存从控制存储器读出来的一条微指令。每条微指令包含微指令的下地址字段(用于给出与指令执行步骤有关的信息)、微命令字段(用于给出计算机各执行部件用到的控制信号)两部分信息。控制存储器和微指令寄存器设置在 MACH 芯片内。

(4) 微指令下地址线路,用于向控制存储器提供读操作用到的地址信息,解决读出和执行微指令的次序,这个地址信息与指令操作码、微指令字中的下地址字段的内容等有关,需要用到另外一些特别的电路,包括 Am2910、MAPROM 和其他少量电路。

在教学计算机的微程序控制器中,选用一片现场可编程的 CPLD 类型 ispMACH 芯片(型号是 LC4256V)、两片 SN74LS377 芯片和一片 Am2910 芯片实现。两片 377 芯片用于实现指令寄存器 IR,Am2910 芯片是处理和产生控制存储器地址的关键器件(可称为微程序定序器),其他线路则在 MACH 芯片中实现,包括 PC、控制存储器 μCM、微指令寄存器 μIR、MAPROM(实现映射指令操作码为微指令地址的功能)等。

在 MACH 芯片内设置了专用于计算指令地址的加法器 ADDER、暂存程序断点的寄存器 NPC、内存的地址寄存器 AR、记忆标志信息的 Flag 电路,还把中断实验用到的电路也纳入到 CPLD 芯片之内实现。

为了在扩展指令的实验过程中方便调试,还可以在 MACH 芯片内实现由 16 个字组成的一个 ROM 电路,专用于保存由指令代码组成的小的调试程序,这很有特色。

MACH 芯片内部的电路逻辑框图如图 6.2 所示。

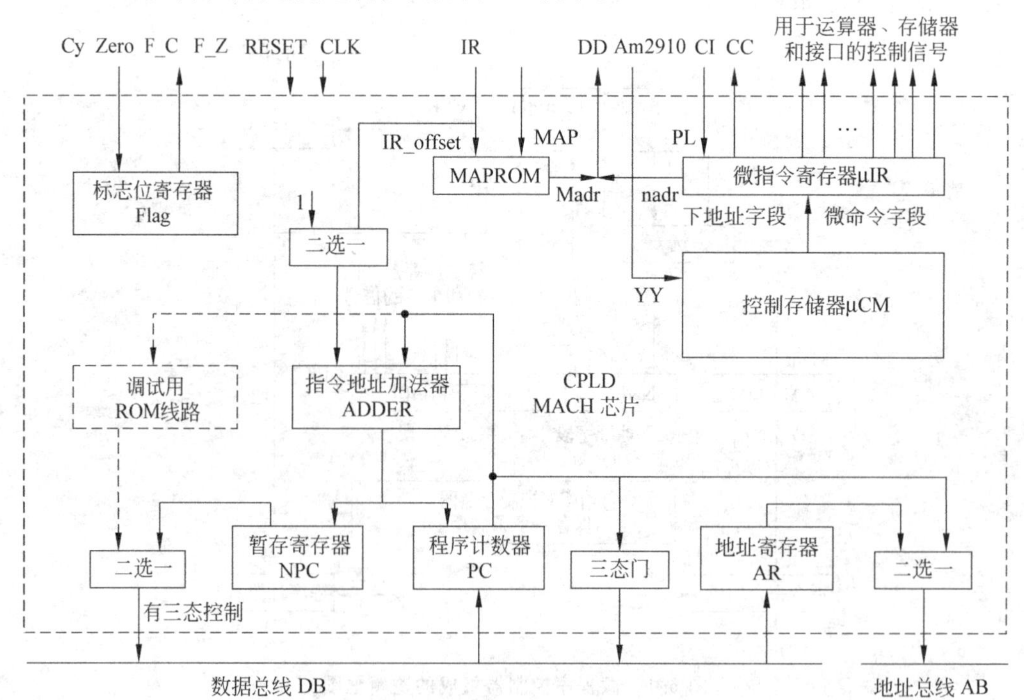

图 6.2 MACH 芯片内部电路逻辑框图

【实验内容和实验操作】

把在硬布线控制器中实现的 ADD、AND、MVRD、JMPA 这 4 条指令改用微程序控制器实现，并用其与运算器部件组成 CPU 系统，调试运行使用这 4 条指令设计出来的小程序，即在 MACH 芯片内的小 ROM 中编辑好这个程序，通过运行该程序检查设计结果的正确性。这里将提供描述实现这 4 条指令的 ABEL 程序，作为学习微程序控制器的实例，也为接下来的扩展指令的实验做好必要的准备。

在完成前一项实验内容的基础上，再由学生自己扩展实现 SUB、SHR、JRNC 这 3 条指令，并参照前面的操作步骤，调试运行支持 7 条指令的新的 CPU 系统，检查其运行的正确性。如果有问题，则查清出错原因并加以改正，继续调试，直到完全正确。

下面给出实现 4 条基本指令的微程序控制器的 ABEL 语言源程序，并作简单说明。扩展的 3 条指令要由学生自己动手添加进去。

这次实验的操作步骤类似于完成硬布线控制器实验的过程，在此无须赘述。

设计与实现 TEC-XP-Ⅱ 实验计算机的微程序控制器。

设计一台计算机的首要任务是确定设计目标和市场定位，包括系统的性能与经济指标、指令格式和指令系统以及总体技术方案等。

接下来是初步设计系统的硬件构成，设计并通过仿真方式测试选择的指令系统。

细化系统硬件结构，划分指令执行步骤并确定每一步骤的功能。

确定计算机各部件需要使用的控制信号，设计微指令格式，包括下地址字段和微命令字段的内容组成。

接下来是设计微程序的内容，其中微命令字段的划分和实现的控制功能非常类似于硬布线控制器的设计结果，此处不再赘述。微指令字中下地址字段的内容选择和使用方法是微程序控制器设计的特殊内容。

最后一步是把设计的微程序中的每一条微指令都安排到控制存储器的一个存储单元中，这一设计步骤可能要反复几次，在微指令的下地址字段的内容和这条微指令在控制存储器中的地址之间建立正确的对应关系，包括指令的操作码与对应这条指令具体操作功能的微程序段的入口地址的对应关系。

设计完之后，将进入调试修改阶段，直至得到满意的设计与运行结果。

在有了能力很强的硬件描述语言的软件工具和高集成度的可编程芯片之后，设计实现硬布线的控制器或者微程序的控制器都不再那么困难。

实验计算机系统实现了硬布线和微程序两种方案的控制器，是采用两个独立的 ABEL 程序分别设计的。在设计的整个过程中，特别强调保持两者之间尽可能多的一致性，如力争做到使微指令字中的微命令字段的构成及具体内容与硬布线控制器的控制信号尽量保持一致，则在实现了硬布线控制器之后，其设计结果的很大一部分内容可以较为简单地复制到微程序的控制器中。下面给出这个微程序控制器的设计结果，在图 6.3 给出了微程序的结构和微指令的执行流程，之后给出描述微程序控制器组成及其功能的 ABEL 程序的部分内容，程序中加了比较多的注释，在程序之后还要对其中的关键语句进行简要说明。

在微程序控制器中，指令的每一个步骤要用到一条微指令，取指操作公用于所有指令，使用一条微指令；取指之后，指令进入具体功能的执行阶段，21 条 A 组指令在执行步骤通常

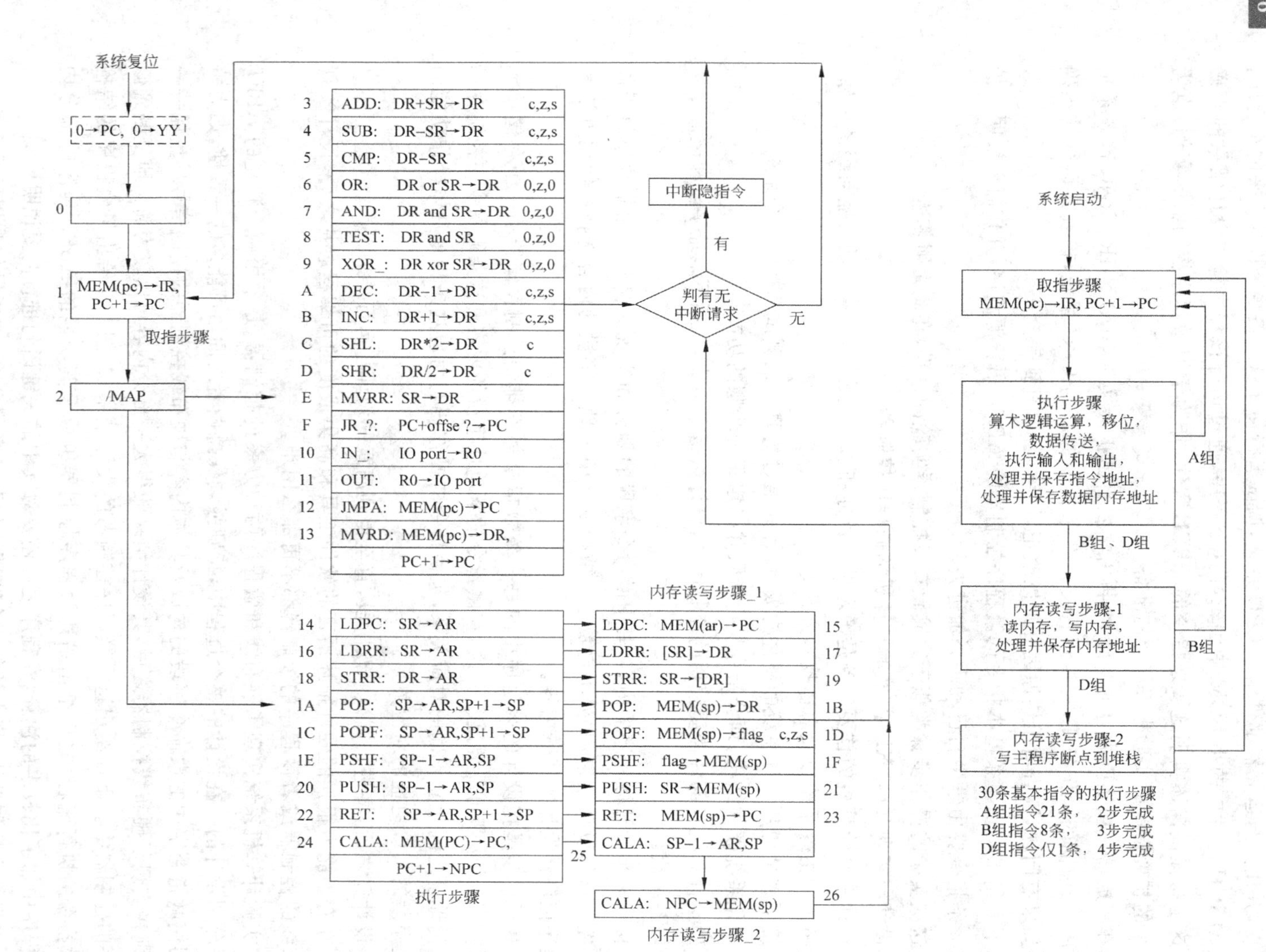

图 6.3 实现 30 条基本指令的微程序结构和微指令执行流程

应各用一条微指令，但由于5条相对转移指令可以合用一条微指令，故A组指令共使用了17条微指令；8条需要读写内存的B组指令各使用两条微指令，先在执行步骤准备内存地址，后到存储器读写步骤_1完成内存读写操作，合计使用16条微指令；CALA指令用3个步骤完成，要用3条微指令，在执行步骤取子程序入口地址到PC并暂存主程序断点，在存储器读写步骤_1修改堆栈指针并送AR，在存储器读写步骤_2写主程序断点进堆栈。

有3件事情需要再次澄清。

(1) 在微程序控制器中，取指之后需要用一个步骤完成指令的功能分支操作，就是使用由指令操作码映射出的微指令地址去读控制存储器，以便得到对应刚读出的那条指令要用到的微指令，此时计算机各执行部件由于尚不能得到需要的控制信号而处于空闲状态。

(2) 需要正确给出微程序的首地址，可以在系统复位(按下设备的reset按键)时，把取值为0000的命令码CI3～CI0送到Am2910芯片，则芯片会送出Y7～Y0为全0的控存地址，使微程序从0号微指令开始运行，之后微指令的下地址电路就会自行提供下条微指令地址，确保微程序得以连续运行。

(3) 在系统复位时还把PC内容清0，使系统启动后将从内存的0地址启动监控程序。

确定微指令的格式很重要，方案是使用32位字长的微指令，分为以下3个大字段。

① 微指令的下地址信息字段，占用11位(可以变化)，包括6位微指令的转移地址nadr5～nadr0，Am2910的4位命令码CI3～CI0，1位微指令是否转移的条件码_CC。

② 时序电路的输入控制字段，占用5位，时序电路包括flag_c、flag_z、ar的接收控制信号，包括flg_c2～flg_c0、ar_c共4位，另一位ar_AB信号用于选择送地址总线AB的信息来源(pc或ar)。

③ 微指令字的微命令字段，占用16位，与硬布线控制器使用的16位的控制信号完全相同，因此可以把硬布线控制器的设计结果简单地复制到微程序控制器的这一部分，使微程序控制器的设计工作主要集中到确定微指令字的下地址字段内容。设计完微指令格式后，就可以把全部微指令安排到控制存储器中，从图6.3可以看到设计的结果。

描述实现4条典型指令的ABEL程序清单如下。

```
MODULE TEC_new
TITLE  'controller component'
                                               "a_16_mc_1_new_160913_bak_1.abl
DECLARATIONS
RESET, CLK              pin 151,68;            "系统复位和时钟
IR15..IR0               pin 64..57,54..47;     "IR送来的指令字
IR_G, IR_clk            pin 174,175;           "IR接收控制(低电平有效)
Cy, Zero                pin 169,171;           "Am2901产生的标志位信息
AB15..AB0               pin 87..80,77..70;     "地址总线
DB15..DB0               pin 24,23,26,25,28,27,30,29,32..39;  "数据总线
MIO, REQ,WE             pin 95,94,93  istype 'dc,com';       "控制内存和串口的信号
I8..I0                  pin 14..21, 135 istype 'dc,com';     "控制运算器的信号
B3..B0,A3..A0           pin 9..12, 5..8 istype 'com';
aluoe,ram15,ram0,c0     pin 136,137,139,141 istype 'com';
F_C,F_Z                 pin 168,170;           "显示标志位
pc15..pc0,ar15..ar0     node istype 'reg,keep';  "程序计数器、地址寄存器
```

```
npc15..npc0            node istype 'reg,keep';      "暂存中断断点的寄存器
flag_c,flag_z          node istype 'reg,keep';      "标志位触发器
A_,B_ ,jr_5, DB_oe     node istype 'com';           "中间信号,允许 MACH 送信息到 DB
sum15..sum0,jr_zu      node istype 'com';           "专用加法器电路,相对转移指令组
wk15..wk0,cy15..cy1    node istype 'com';           "加法器一路输入、每位进位输出
flg_c2..flg_c0, pc_c1,pc_c0,pc_ce,                  "flag 和 pc 的接收控制
    ar_ce, ar_AB       node istype 'com';           "ar 的接收控制,  ar 的输出送 AB
"--------连接 Am2910 芯片的 MACH  IO 管脚和微程序控制器组成 ---------------
CI3..CI0,_CC,CCEN pin 106..103,100,102;             "Am2910 的 4 位命令码,转移控制
YY5..YY0  pin 124,125,122,123,120,121;              "Am2910 送来的微指令地址
DD7..DD0  pin 118,115,116,113,114,111,112,109 ;     "送下条微指令地址信息到 Am2910
_MAP, _PL  pin 98,96;                               "Am2910 送来的两个控制信号
m_ir33..m_ir0          node istype 'reg,keep';      "微指令寄存器
y_y5.. y_y0            node istype 'reg,keep';      "当前微指令地址
sig33 .. sig0          node istype 'com';           "控制存储器
madr5.. madr0          node istype 'com';           "映射 IR_op 为微指令首地址
con3..con0             node istype 'com';
c,z,x= .C.,.Z.,.X.;                                 "说明常量和集合
flg_c= [flg_c2..flg_c0] pc_c= [pc_c1,pc_c0];        "Flag、PC 的接收使能信号
m_ir= [m_ir33..m_ir0] ; yy= [y_y5..y_y0];
pc= [pc15..pc0];       IR= [IR15..IR0]; ar= [ar15..ar0];
DB= [DB15..DB0];       AB= [AB15..AB0]; npc= [npc15..npc0];sum= [sum15..sum0];
ir_op= [IR15..IR8];                                 "4 条指令的操作码和汇编语句名
ADD =ir_op==^h00;      AND =ir_op==^h02;
MVRD=ir_op==^h88;      JMPA=ir_op==^h80;
EQUATIONS
  jr_zu= (yy==^h0f);                                "用于专用加法器 ADDER 的信号
  [wk15..wk1]=jr_zu&[IR7,IR7,IR7,IR7,IR7,IR7,IR7,IR7,IR7..IR1];
  wk0=jr_zu&IR0#!jr_zu;     [con3..con0]= [0,0,0,0];
"  jr_5=JR #JRNC&!flag_c#JRC&flag_c#JRNZ&!flag_z#JRZ&flag_z;  转移条件为真
                                                   "微指令的各字段信号到 MACH 输出管脚
  [DD5..DD0]= !_MAP&[madr5..madr0]#!_PL&[m_ir33..m_ir28]; "11 位下地址字段信息
  [CI3..CI0]=RESET&[con3..con0]#!RESET&[m_ir27..m_ir24]; "Am2910 的命令码
  _CC=m_ir23;     CCEN=0;                           "微指令转移条件
  [aluoe,c0, I8..I0, A_,B_, MIO,REQ,WE]= [m_ir22..m_ir7]; "微指令的微命令字段
  !IR_G= (yy==^h00);  IR_clk=CLK;                   "IR 的接收条件和时钟信号
  F_C=flag_c;          F_Z=flag_z;                  "显示标志位信息
  [pc, ar, flag_c, flag_z, npc, m_ir, yy].clk =CLK; "指定寄存器时钟信号
  pc.ce=pc_ce;pc_ce=RESET#!RESET&(pc_c== [0,1])#(pc_c== [1,0]);
when RESET then { pc:=0;yy:=0;} else                "设置监控程序和微程序的起始地址
{ [m_ir33..m_ir0]:= [sig33..sig0];  yy:= [YY5..YY0]; "微指令寄存器、yy 接收
  when (pc_c== [0,1])then pc:=sum;                  "PC+1/offset→PC
  when (pc_c== [1,0])then pc:=DB;                   "双字指令的第 2 个指令字→PC
}
  flag_c= (flg_c== [0,0,1])& Cy  #(flg_c== [0,1,0])& 0      "flag_c 接收
```

```
      #(flg_c==[1,0,1])& ram0#(flg_c==[0,0,0])& flag_c;
  flag_z=(flg_c==[0,0,1])& Zero #(flg_c==[0,1,0])& Zero   "flag_z 接收
      #(flg_c==[0,0,0])& flag_c;
  when ar_ce then ar:=DB;  else ar:=ar;              "AR 接收内存地址
  when ar_AB then AB=ar;  else AB=pc;                "选择地址总线信息

  when([A_,B_]==[0,0])then {[B3..B0]=[IR7..IR4]; [A3..A0]=[IR3..IR0];}
  when([A_,B_]==[0,1])then {[B3..B0]=[0,1, 0,0]; [A3..A0]=[0,1, 0,0];}
  when([A_,B_]==[1,0])then {[B3..B0]=[0,0, 0,0]; [A3..A0]=[0,0, 0,0];}
  ram15=0;       ram0 =0;                     "逻辑右移、左移指令的移位输入信号
  ram15.oe=!I7;   ram0.oe=I7;                 "移位管脚输入输出的三态控制

@include  'adder_pc_mc_1.abl'                  "描述指令地址加法器的程序段
TRUTH_TABLE                                   "映射 IR_op 为微指令地址--MAPROM 电路
     ([IR15..IR8]  ->[madr5..madr0])
[0,0,0,0,0,0,0,0]->[0,0,0,0,1,1];  [0,0,0,0,0,1,0,1]->[0,0,1,0,0,0]; "ADD  AND
[1,0,0,0,1,0,0,0]->[0,1,0,0,1,1];  [1,0,0,0,0,0,0,0]->[0,1,0,0,1,0]; "MVRD  JMPA

                                  "微程序清单--控制存储器电路
TRUTH_TABLE     "([nadr5..nadr0,CI3..CI0,_CC,aluoe,c0,  I8..I0, A_,B_,MIO,REQ,WE,
                                  " flg_c2..flg_c0,pc_c1,pc_c0,ar_ce,ar_AB])
([YY5..YY0] ->[sig33..sig0])
[0,0, 0,0,0,0]->[0,0,0,0,0,1, 0,0,1,1, 0,  1,0, 0,0,1, 0,0,0, 0,0,0, 0,0, 1,0,0, 0,0,
0, 0,0, 0,0];
[0,0, 0,0,0,1] ->[0,0,0,0,1,0, 0,0,1,1, 0,  1,0, 0,0,1, 0,0,0, 0,0,0, 0,0, 0,0,1, 0,
0,0, 0,1, 0,0];
                                  "MEM(pc)→IR, PC+1→PC
[0,0, 0,0,1,0] ->[0,0,0,0,0,0, 0,0,1,0, 0,  0,0, 0,0,1, 0,0,0, 0,0,0, 0,0, 1,0,0, 0,
0,0, 0,0, 0,0];
                                  "MAP  执行功能分支
[0,0, 0,0,1,1] ->[0,0,0,0,0,1, 0,0,1,1, 0,  0,0, 0,1,1, 0,0,0, 0,0,1, 0,0, 1,0,0, 0,
0,1, 0,0, 0,0];
                                  "ADD  DR+SR→DR   c,z
[0,0, 0,1,1,1]->[0,0,0,0,0,1, 0,0,1,1, 0,  0,0, 0,1,1, 1,0,0, 0,0,1, 0,0, 1,0,0, 0,1,
0, 0,0, 0,0];
                                  "AND  DR&SR→DR   0,z
[0,1, 0,0,1,0]->[0,0,0,0,0,1, 0,0,1,1, 0,  1,0, 0,0,1, 0,0,0, 0,0,0, 0,0, 0,0,1, 0,0,
0, 1,0, 0,0];
                                  "JMPA MEM(pc)→PC
[0,1, 0,0,1,1]->[0,0,0,0,0,0, 0,0,1,1, 0,  1,0, 0,1,1, 0,0,0, 1,1,1, 0,0, 0,0,1, 0,0,
0, 0,1, 0,0];
                                  "MVRD MEM(pc)→DR,  PC+1→PC
END
```

这个程序是从描述30条基本指令的ABEL程序中摘录出来的，不够完整，但作为例子还是合适的，也更简明。

程序中说明段的内容,大部分与硬布线控制器中的说明相同,只是多出了与 Am2910 芯片相连接的管脚说明和微程序控制器的专用电路,包括控制存储器、微指令寄存器、当前微指令地址、映射指令操作码为微程序段入口地址的电路等。说明部分给出的是设计中的规定,可增减但不能轻易变更设计,如器件管脚号、指令和微指令格式、指令编码、微指令字段安排等不能随意修改,变更造成的错误会使系统不能运行。

程序中的逻辑描述段,以 @include 'adder_pc_mc_1.abl' 的方式把一段 ABEL 程序引入到本程序中,它实现的功能是 pc+1 或者 pc+offset(带进位扩展)→pc,专用于计算指令地址,用到的只是线路设计知识,没有必要把这段程序直接写在本程序中。

这个程序的核心部分是一些逻辑方程语句和两个真值表。

(1) 逻辑方程语句主要用于描述触发器或者寄存器电路的接收功能,包括程序计数器 PC、内存地址寄存器 AR、保存 ALU 进位的触发器 flag_c、结果为 0 的触发器 flag_z,这些时序电路可以通过.ce 的方式指定它们有接收使能控制。例如,pc.ce=pc_ce;pc_ce=RESET # ! RESET&(pc_c==[0,1])#(pc_c==[1,0]);仅在 pc.ce=1 时,pc 才能够接收输入;否则 pc 内容将保持不变,哪些情况下 pc 需要接收输入已经用 pc_c1、pc_c0 两位信号写在对应的微指令字中。接收的内容采用条件赋值语句另行给出。其他几个时序电路也做类似处理。在硬布线控制器中,就没有选用这种办法,而是由设计者自己来设计这些使能信号的逻辑方程。

微指令寄存器 m_ir 和当前微指令地址寄存器 yy 在每一个时钟周期都要执行接收操作,就不必通过.ce 对其说明。

这里需要强调一个重要概念,当前正在执行的微指令的内容是在此前的一个步骤从控制存储器读出来的 sig33~sig0,读控制存储器使用的地址是那一时刻由 Am2910 提供的 YY5~YY0,只有在前一步的结束时刻把这两部分内容分别接收到 m_ir 和 yy 寄存器,此时才能用 m_ir 的输出控制各部件运行,才能用 yy(是前一个步骤的 YY5~YY0 的值)的输出表明当前时刻并被使用在逻辑方程语句中。

(2) 真值表主要用于描述控制存储器存储的信息,即每一条微指令的内容。其输入信号是控制存储器的地址信息 YY5~YY0(由 Am2910 芯片提供),输出信号是一条微指令字的具体内容 sig33~sig0,包括 11 位下地址字段信息、5 位时序电路接收输入的控制信息、16 位微命令字段信息(与硬布线控制器的 16 位控制信号相同)。

m_ir 中的 16 位微命令字段的内容要送到 MACH 芯片的输出管脚,用于控制运算器、内存和串口,实现的控制功能已经在硬布线控制器的章节讲解过了,这里不再赘述。

11 位的下地址字段信息用于确定下一条微指令的地址,对需要顺序执行的微指令,应使用命令码 CI3~CI0=1110,此时的转移地址每位都填 0 即可。对需要转移的微指令,应使 CI3~CI0=0011 且 _CC=0,并在转移地址字段直接给出转移地址。在_CC=1 时不能转移,将顺序执行跟在本条微指令后面的那条微指令。还可以看到,微指令执行转移的情况比较多,顺序执行相对较少,在本设计中,微指令的转移地址几乎都为 000001,实现的功能是在指令结束后转到下条指令的取指步骤,此外尽量不再使用其他微指令转移方式,这会使几条指令本来可以合用的一条微指令字重复几次出现在微程序中,好在微指令总条数并不多,多出少量微指令不会对系统造成太大影响。

5 位时序电路的输入接收控制信息用于指出在哪些微指令的执行时刻,有哪些时序电路需要执行接收输入,接收的信息是什么,这在多个不同时刻需要接收不同输入内容的情况下,能够简化设计逻辑方程的工作,无须设计者自己去设计寄存器的接收控制信号的逻辑方程,又能避免误把真值表中的YY5～YY0用作当前微指令的执行时刻。在微程序清单(真值表)中,特意通过注释方式提供了每一条微指令对应的是哪一条指令的哪一个执行步骤,完成的基本功能是什么,包括标志位寄存器是否需要变动等内容,这些信息在微程序控制器的设计过程中是有用的,对学生看懂、理解微程序控制器的运行机制也会有所帮助。

另一张真值表用于描述MAPROM电路,实现的功能是映射指令操作码为微指令地址,其输入信号是8位的指令操作码,输出信号是6位的微指令地址madr。此时设计者就无须自己设计madr每一位的逻辑方程,而交由ABEL的编译软件完成。在执行这一映射操作时,需要指定CI3～CI0＝0010,Am2910芯片送出_MAP(低电平有效)。此时的转移地址字段每位都填0即可。

6.5 中断功能的设计、线路实现和三级嵌套的中断实验

6.5.1 单级中断的验证性实验

【实验目的】

- 了解中断在计算机系统中的作用。
- 了解中断请求、响应和处理的概念及其实现技术。
- 看懂实现中断功能的ABEL语言程序的基本内容。

【实验说明】

中断功能的设计与实现：

为了提供3个中断源,在电路主板上设置了3个无锁按钮,从左到右分别命名为intS3、intS2、和intS1,用作3个中断请求源。每个按钮有一个1输出端和一个0输出端,已经连接到MACH芯片的6个管脚,电路板上还为它们留有接线插孔,按下按钮时会向系统送出中断请求信号。

中断请求信号的保存、优先级编码、优先级排队、产生送CPU的中断请求信号INT以及维护中断允许触发器INTE等都在MACH芯片内实现,对具体方案说明如下。

为了支持中断处理功能,要求实现以下3条指令和中断隐指令。

① EI,执行开中断功能,即置1中断允许触发器INTE,在取指之后一步完成。

② DI,执行关中断功能,即清0中断允许触发器INTE,在取指之后一步完成。

③ IRET,实现结束中断服务程序、恢复被中断程序现场的功能,在设计中,可以在取指之后用以下两步完成。

第1步,修改堆栈指针SP,SP→ar,SP＋1→SP。

第2步,从堆栈恢复PC,恢复原来的运行优先级(在MACH芯片内完成)。

④ 中断隐指令,其实它不是一条真正的指令,没有指令操作码,故不能出现在程序中,它只是在系统需要响应中断的时刻,由系统硬件在一条常规指令结束之后自动增加出来的几个执行步骤,用于切换被中断程序和新请求的中断服务程序的现场。包括保存被中断程

序的现场信息(断点和运行优先级);给出中断服务程序的环境信息(入口地址和运行优先级)。

在设计中,可以用3个步骤完成上述功能。

第1步,修改堆栈指针SP,SP-1→ar, SP。

第2步,写PC进堆栈。

第3步,中断向量→PC,提供新的运行优先级(都在MACH芯片内完成)。

中断隐指令和IRET指令是配对使用的,中断隐指令保存被中断程序的两项信息,而IRET指令则是再恢复这两项信息。

这里的处理方案与一般计算机中的通常做法略有差别。通常的做法是,保留和恢复程序断点和运行优先级都经过堆栈完成,需要用到4个执行步骤,这里只用堆栈保存和恢复程序断点,而处理程序运行优先级的操作都在MACH芯片内部完成,不用堆栈,以减少一次读写堆栈的操作,实现更简便。可以这样做的理由是中断源个数很少,仅3个,中断请求和处理的办法高度相同。而在正规计算机系统中都不会这样简单,很难用少量硬件电路就能直接处理程序运行的优先级,借助堆栈完成反而是最方便的解决办法。

下面简要说明中断的请求、响应、处理3个阶段各自要处理的问题。

(1) 中断请求。中断源是3个无锁按钮,从左到右依次是intS3、intS2、intS1,每个按钮都有两个互补信号接到MACH的管脚,按一下按钮将有一个中断请求发出,这个请求信号要被保存到一位触发器W,intS3、intS2、intS1请求信号分别保存到W3、W2、W1。这里需要处理好两个问题,一是要消除按键机械动作中"抖动"的影响,二是要处理好W触发器的接收时刻,即W只在指令的正常执行期间能够接收。请注意,按按钮的动作可以发生在任何时刻,与计算机执行的是哪条指令、指令的哪一个执行步骤都不相关。人按按钮的动作再快,也会持续很多条指令的执行时间,为此还需要把W触发器的内容保存到中断请求寄存器intR,并把intR接收W的操作安排在松开按钮之后的取指周期完成,解决了intR接收与指令执行步骤的同步问题。

(2) 中断响应。通常情况下,同时发出的中断请求可以有多个,系统每一次只能选择其中的一个予以响应,选择规则就是找出其中优先级最高的那一个。若规定优先级编码用两位二进制码表示,intS3、intS2、intS1的中断优先级为3、2、1,主程序运行优先级为0,还规定优先级的排序关系是编码值大的排在前面,则任何一级的中断请求都能中断主程序,三级可以中断二级和一级,二级可以中断一级,三级中断的服务程序运行时是不能被中断的。

同时满足以下3个条件时,中断请求才会得到响应。

① 计算机系统处于开中断状态(INTE=1)。

② 一条指令结束、下一条指令尚未开始的时刻(inst_end)。

③ 新请求中断的优先级(AA1、AA0)高于当前程序的运行优先级(P1、P0)。

这3个条件都具备时,系统将进入中断隐指令的运行过程,执行响应中断功能。前面已几次讲到,中断隐指令的功能是保存被中断程序的现场(程序断点和运行优先级,其他的现场信息可以到中断服务程序中去保存),提供中断服务程序的运行环境(入口地址和运行优先级)。此时要解决的问题是,如何得到新请求的中断优先级和实现优先级比较,这是通过对保存在中断请求寄存器中的3个请求信号执行编码实现的,若intR3=1(有3级请求),则编码值AA1 AA0应为1 1,若intR3=0且intR2=1(无3级请求但有2级请求),则AA1

AA0 应为 1 0,若 intR3=0、intR2=0 且 intR1=1(无 3 级、2 级请求但有 1 级请求),则 AA1 AA0 应为 0 1。优先级比较就是检查 AA1 AA0 是否大于 P1 P0(当前程序的运行优先级),若大于,将可能进入中断响应的过程(还要看 INTE 和 inst_end);否则继续执行当前程序。

(3) 中断处理。在中断隐指令结束后就进入中断处理过程,也就是执行中断服务程序,中断服务程序和一般的系统子程序差不多,通常被保存在操作系统中,在设计中,也支持用户自己设计中断服务程序并保存在存储器的 RAM 区。它与一般子程序的最大区别是,中断服务程序必须用 IRET 指令结束,除了恢复被中断程序的断点之外,还需要恢复它的运行优先级。

(4) 在设备中,中断源选用的是 3 个无锁按钮,通常情况下,每次只能按下一个按钮(除非操作者另外有意为之),因此不会遇到多个中断请求同时出现的情况。若优先级用 P0 表示,且只支持一个中断源,就可以让主程序运行在 0 级(P0=0),中断服务程序运行在 1 级(P0=1),为此应在中断隐指令中变更优先级 P0 为 1,在中断返回指令的最后一个节拍恢复优先级 P0 为 0,这更容易在 MACH 芯片内部直接完成,而不再经过堆栈实现优先级切换,可以看到,在 ABEL 程序的真值表中确实没有给出专门处理优先级的执行步骤,而是使其与保存断点或者恢复断点的操作同时完成。在此基础上,可以进一步扩展为 3 个中断源,并让它们运行于同一优先级,这就是提供的实际例子,是单级中断的验证性实验的内容。

若对已有的 ABEL 程序进行适当修改,使 3 个中断服务程序运行于不同优先级,就可以实现三级嵌套的中断实验。这个修改任务交由同学自行完成。

6.5.2 改进的三级嵌套的中断实验

【实验目的】

- 学习在三级嵌套的中断系统中使用中断向量表的技术。
- 把 3 个中断处理运行于同一优先级修改为运行于 3 个不同的优先级。
- 理解 3 个级别的中断服务程序嵌套运行需要解决的问题。

【实验说明】

中断实验需要用到开中断指令 EI(允许系统响应中断)、关中断指令 DI(禁止系统响应中断)和中断返回指令 IRET,它们属于扩展指令。

还要求在系统中实现中断隐指令,其实不能称它为一条指令,它没有对应的指令操作码,故不能出现在程序中,它只是在系统需要响应中断的时刻,由系统硬件在一条指令结束之后、下一条指令尚未开始的时刻自动增加的几个执行步骤,用以保存系统现场信息(至少含主程序断点和当前中断优先级)、切换中断优先级(用请求的优先级取代当前优先级)和调用中断服务程序(传送中断服务程序入口地址到 PC)的功能。完成的功能与子程序调用指令 CALA 有些类似,差别之处表现在以下两个方面。

(1) CALA 是程序中的一条指令,实现的功能是调用子程序(主程序中的一段指令序列),保存的现场信息是主程序断点,不含中断优先级;与 CALA 配合使用的是 RET 指令,实现结束子程序、恢复主程序断点的功能。

(2) 中断隐指令不能出现在程序中,它是由中断事件引发出来的几个特殊执行步骤,实现的功能是调用中断服务程序(通常是保存在操作系统中的一段程序),保存的现场信息包括被中断程序的断点和运行优先级;与中断隐指令配合使用的是IRET指令,实现的功能是结束中断服务程序、恢复被中断程序断点和运行优先级。

【实验内容和实验操作】

(1) 了解中断向量表的组织方式,填写中断向量表的内容。

(2) 设计中断实验用到的几个小程序,包括以下内容。

① 一个循环执行的主程序,功能是连续输出字符'M'。

② 设计对应3级中断的3个中断服务程序,实现的功能分别是输出80个与优先级对应的数字符('1'、'2'、'3')。

③ 还需要设计一个减缓字符输出速度的子程序。

(3) 运行主程序,之后按随意序列不定时地按下3个中断按钮,观察显示器屏幕上的输出内容,分析并检查运行结果是否正确,3个级别的中断服务程序可否正确地嵌套运行。

下面给出设计的几个程序,并进行简单说明。

```
主程序                      延时子程序
A2000                      A2150
                             PUSH  R0                 ;两个寄存器的入栈操作
*    EI(6E00)                PUSH  R13                ;是为了避免不同优先级
     MVRD R0,4D              MVRD R13,0FFF            ;中断嵌套过程中彼此干扰
     OUT  80                 DEC   R13
     CALA 2150               JRNZ  2154
     JR   2001               POP   R13                ;两个寄存器的出栈操作
     RET                     POP   R0
                             RET

中断向量表                   3个中断服务程序
A2104                        A2120(2130,2140)         ;3个中断服务程序入口各
  JR 2120                    *   EI(6E00)             ;不相同,并使用不同的寄
A2108                            PUSH R0              ;存器检查输出的字符个数
  JR 2130                        MVRD R7,50   (R8,R9)
A210C                            MVRD R0, 31   (32,33)
  J R 2140                       OUT  80              ;前面带 * 号的语句属于
                                 CALA 2150            ;扩展指令,只能用E命
                                 DEC  R7(R8,R9)       ;令输入指令码
                                 JRNZ 2124(2134,2144)
                                 POP  R0
                             *   IRET(EF00)
```

(1) 在3级嵌套的中断实验中,主程序循环输出字符'M',不同优先级的中断服务程序连续输出50h个对应于优先级的数字符。

(2) 延时子程序用于减慢屏幕上字符输出的速度,便于观察程序的运行结果,也为按中断按钮给出足够的操作时间。

(3) 中断向量表由3个表项组成，为每个表项分配4个内存字，在设计中，该表要占用从2104开始的12个内存单元，用于保存中断服务程序的入口地址，通常存放一条转移指令JMPA或JR，经过这条指令转到对应的中断服务程序。

(4) 3个中断服务程序都是输出一串对应于中断优先级的数字符，它们可以嵌套运行。输出字符时都要用到寄存器R0，为降低输出字符的速度都会用到R13，所以在延时子程序中要对这两个寄存器执行入栈、出栈操作，避免3个服务程序之间的彼此干扰。

(5) 3个中断服务程序各自使用不同的寄存器(R7、R8、R9)检查输出字符的个数，避免3个服务程序嵌套运行时彼此干扰。

(6) EI、DI和IRET属于扩展指令，监控器程序不能对它们执行汇编和反汇编操作，在建立程序的过程中只能用E命令送入这3条指令的二进制代码。

(7) 在运行程序的过程中可以看到，中断请求仅在系统处于开中断的状态才能得到响应，由于系统在复位时已经执行了一次关中断操作，因此在主程序的开始就需要安排一条开中断指令，使得任何一级的中断请求都能中断主程序；否则任何中断请求都不能得到响应。

(8) 出于完整地保存现场信息的考虑，在中断隐指令中执行了关中断操作，但未执行开中断操作，为了允许更高级别的中断请求得以中断运行于低优先级的中断服务程序，需要在每个中断服务程序的开始都有一条开中断指令；否则在中断服务程序运行期间任何中断请求都不会得到响应。中断嵌套就不能实现。

(9) 只允许优先级更高的中断请求中断运行于低优先级的中断服务程序，优先级相同或者更低的中断请求则不能得到响应。例如，3级的中断服务程序在运行，3级、2级、1级的中断请求都不会被响应。很容易实现从主程序进入1级中断，接着进入2级中断，再进入3级中断的执行过程。之后会看到系统首先从3级中断返回2级中断，接着返回1级中断，最终从1级中断返回主程序。

(10) 本次中断实验强调的是使用和运行中断系统，强调设计中断嵌套需要使用的电路，这更有利于深入理解中断的概念和功能，而不是扩展EI、DI和IRET指令，有兴趣的同学可以看一下已有的设计结果，不一定亲自动手去做，扩展指令的实验还是针对常用的典型指令为好。

第 7 章 FPGA-CPU 系统的设计与实现

7.1 FPGA-CPU 系统概述

FPGA-CPU 是选用门阵列器件 FPGA 芯片实现的 CPU 系统，包括完整的运算器部件和控制器部件，地址寄存器也被设置在该芯片之内，在芯片外部只有存储器和串行接口芯片、3 片译码器、MAX202 电路。该 CPU 与在设备主板左半部分给出的 CPU 的功能类似，支持实验计算机的基本指令系统，目前只实现了硬布线控制器，配备的软件完全相同。两者的主要区别体现在选用的器件不同、选用的硬件描述语言不同。FPGA-CPU 系统使用门阵列器件 FPGA 芯片实现，选用的硬件描述语言是 VHDL（对 FPGA 芯片不能用 ABEL 描述），需要设计的是完整的 CPU 系统。整机系统的功能部件和各部件内部组成的逻辑框图如图 7.1 所示。

从图 7.1 可以看到，这台计算机整机系统由控制器部件、运算器部件、主存储器部件、串行接口电路和 PC 仿真终端设备组成。部件之间通过数据总线 DB、地址总线 AB 和控制总线 CB 实现连接和信息交换。DB 和 AB 已经在图中画出，CB 一般不会出现在整机框图中。请注意，图中还画出了专用于 CPU 内部的数据总线 IB，IB 和 DB 通过双向三态门连接在一起，以便建立存储器、I/O 接口和 CPU 之间的数据交换通路。可以送到地址总线 AB 的信息有 3 个，即指令地址（来自程序计数器 PC）、数据地址（来自地址寄存器 AR）和 I/O 接口地址（来自指令寄存器 IR），是通过一组三选一电路完成选择的。

FPGA-CPU 中的运算器部件与 Am2901 的组成比较类似，但省略了乘商寄存器 Q，不再把通用寄存器 R5 用作 PC，ALU 也不再承担计算指令地址的功能，但仍保留了读寄存器组、ALU 运算数据、结果写回寄存器组在同一个执行步骤（同一个时钟周期）中完成的特点。

在这个 CPU 中，把程序计数器 PC 设置在控制器部件更加规范，为此需要增加专用于计算指令地址的加法器电路和用于暂存子程序调用指令返回地址的专用寄存器 NPC，这些变动对优化指令执行步骤带来了较大影响，使得基本指令的执行过程都能够在两个或 3 个步骤中完成，这有利于减轻教师授课的负担和学生学习的难度，还方便实现简单的指令流水功能。

下面针对这台计算机的运算器和控制器的设计实现进行讲解。由于在前面已经详细地讲解过选用 CPLD、Am2901 等芯片构成的 CPU，这里就不必重复那些属于计算机通用原理知识，只对这个特定的 FPGA-CPU 设计实现中要解决的问题、使用 VHDL 语言进行描述应

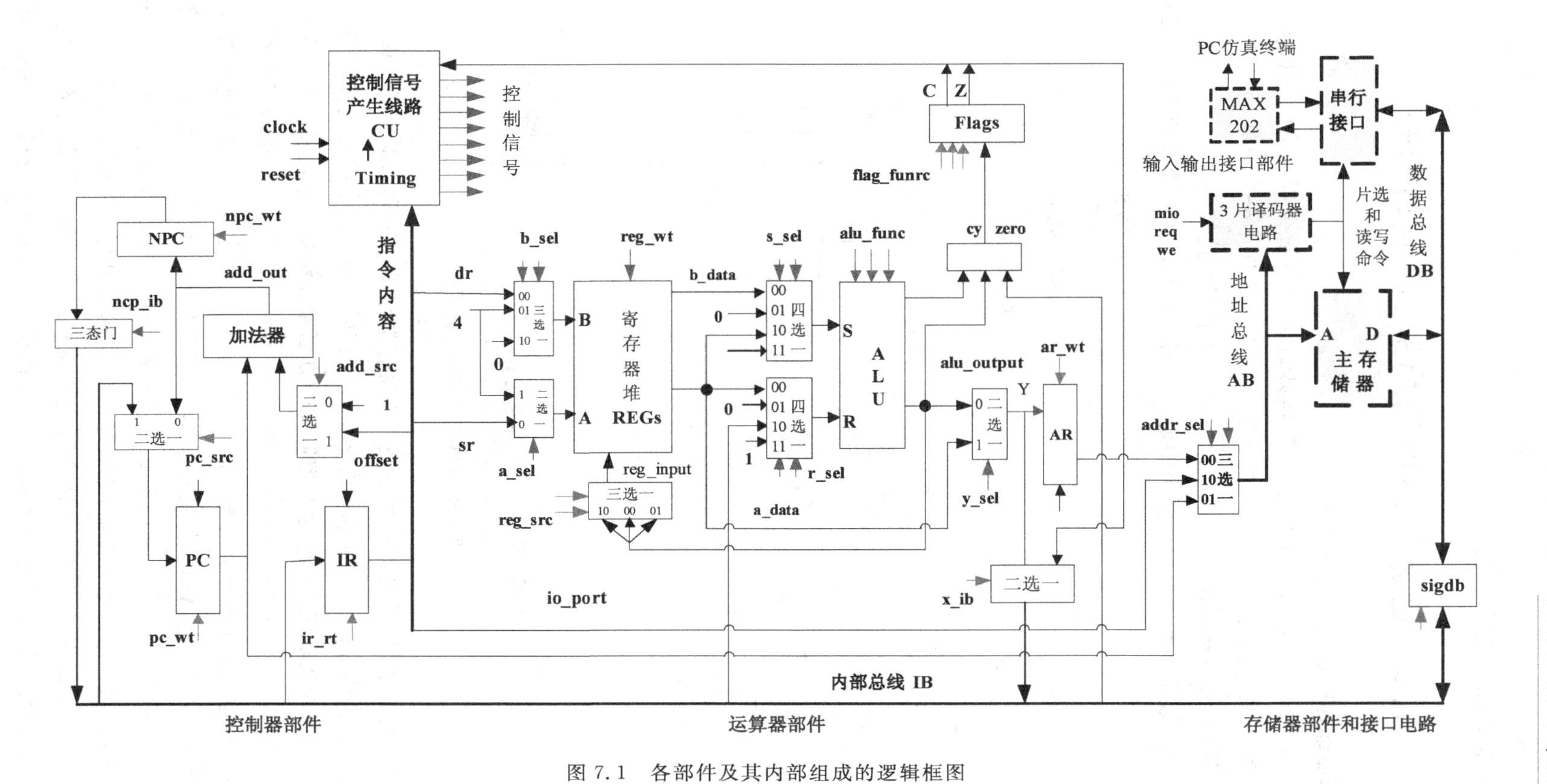

图 7.1 各部件及其内部组成的逻辑框图

该了解的知识进行简要说明即可。

7.2 运算器部件的功能、组成与设计

1. 运算器部件的功能和组成概述

就运算器部件而言,还考虑了它能比较容易地用于多指令周期CPU和指令流水线CPU两种方案。为此,把计算指令地址的功能从运算器部件中分离出来,通过在控制器部件中设置专用的加法器来完成(为支持通畅的指令流水需要这样实现),使运算器部件中的ALU只用于计算数据和数据在存储器中的地址。图7.2给出了这个运算器的组成框图。

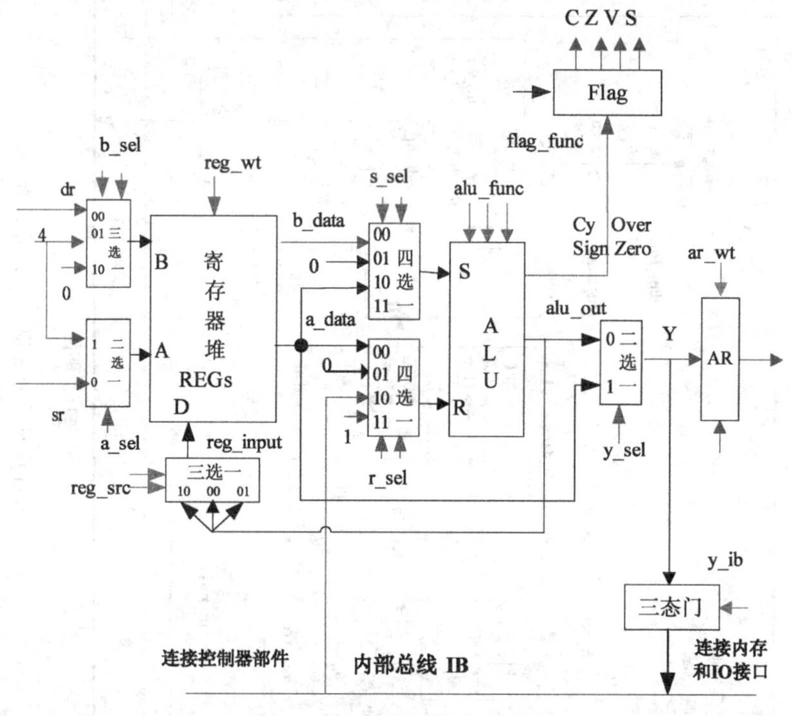

图7.2 运算器部件组成框图

从图7.2中可以看到,运算器的核心硬件由寄存器组REGs和算术逻辑运算单元ALU组成,此外还有标志位寄存器Flag和内存的地址寄存器AR。其余的都是多路数据选择器或选通门电路。下面从功能、组成、运行控制几个方面来介绍这些电路及其连接关系。

寄存器组REGs由16个寄存器组成,需要支持双端口控制读出、单端口控制写入的操作,这是由双寄存器之间实现运算的指令所要求的。运行这类指令需要从寄存器组中同时读出两个寄存器的内容,送ALU执行运算,并将结果写回到其中的一个寄存器,如REGs[dr]+REGs[sr]→REGs[dr],这表明需要用两个寄存器编号dr和sr(都是4位二进制数)为索引去读寄存器组中的两个寄存器,之后还要把计算结果写回到编号为dr的寄存器中,可见dr用于读写,sr仅用于读出。这两个寄存器编号来自于指令寄存器的操作数地址字段。此外,还选用累加器R4作为堆栈指针SP,堆栈操作是由指令操作码表明的,将默认使用SP,而不是在指令的操作数地址字段给出的,因此使用SP(R4)读写寄存器组时,需要经

多路选择器给出常数 4(0100b)。输入输出指令 IN、OUT 默认使用寄存器 R0，所以还需要经多路选择器为 B 口给出常数 0(0000b)。综上所述，要用多路选择器向 REGs 的 B 口和 A 口分别提供 dr(来自指令寄存器)、常数 4、常数 0 和 sr(来自指令寄存器)、常数 4，作为读写寄存器组时需要的寄存器编号，这可以分别通过 b_sel 和 a_sel 两组控制信号实现选择。

写入寄存器组中数据的一个来源是 ALU 的运算结果 alu_out，通常情况是本位送本位，对逻辑移位指令 SHL、SHR 则是分别实现本位送相邻高位和相邻低位，因此这里有个三选一的功能，reg_input 是通过多路选择器得到的，用 reg_src 实现这里的选择。是否把 reg_input 写进寄存器组取决于控制信号 reg_wt，该信号为 1 执行写入，为 0 则不执行写入。

算术逻辑运算单元 ALU 用于完成数据运算和数据在内存中的地址运算，它的两路输入数据分别用 S 和 R 表示。根据选用的指令系统和指令格式，要求 ALU 支持加、减、与、或、异或 5 种运算功能，可以使用 3 位的运算功能码 alu_func 进行选择。运算的数据主要包括以下 6 种，即 Regs[B] OP Regs[A]、Regs[B]＋1、Regs[B]－1、Regs[B]＋0、Regs[A]＋0、IB＋0，因此需要向 S 输入端提供用 B 口从寄存器组读出的内容和常数 0，要向 R 输入端提供用 A 口从寄存器组读出的内容、常数 0 和常数 1，还包括从运算器芯片之外经内部总线 IB 送来的数据。这可以分别通过 s_sel 和 r_sel 实现这里的选择。其中向 S 输入端提供的用 A 口从寄存器组读出的内容用于扩展功能，暂未用。

根据指令功能及其所处的执行步骤，标志位寄存器 Flag 需要接收 ALU 产生的标志位信息，用 flag_func 码控制。Flag 中的信息将作为运算器的输出送到控制器部件。

当 ALU 完成数据地址计算时，其结果将写入内存地址寄存器 AR(用 ar_wt 控制)，从简化部件之间的连接关系考虑，把 AR 画在运算器部件中看起来更清楚。需要特别提醒的是，可以送 AR 的内容除了 alu_out 之外还有用 A 口中从寄存器堆中读出来的内容，在修改堆栈指针 SP 的过程中，有 regs[R4]＋1(用 S＋1 完成)→regs[R4]，并同时在执行 regs[R4]→AR 的功能，若不在此处选用一个二选一电路(用 y_sel 控制)，上述两项操作必须安排在两个执行步骤中实现，使指令执行多用了一个步骤，会降低系统运行速度。

运算器部件要通过内部总线 IB 与其他部件实现信息交换。其中的 Y 送 IB(用 y_ib 控制)用于把通用寄存器的内容送内存或 IO 接口，IB 上的数据送 ALU 的输入端 R 用于把从内存或 IO 接口读出的数据写入寄存器组。

在这个运算器部件中，把从寄存器组中读出两路数据、ALU 完成数据运算、结果写回寄存器组安排在一个时钟周期完成，最有利于减少指令的执行步骤，有利于简化运算器线路，有利于降低学习难度。这只是可选方案之一，但不是唯一方案。例如，在 MIPS 计算机中，就把上述 3 项操作划分到 3 个时钟周期分别完成，更有利于实现指令流水。

2. 运算器的操作与控制

在学习过运算器的功能、组成之后，就可以介绍如何使用这个运算器完成预定的运算功能，即怎样控制运算器正常运行。首先看一下运算器与计算机其他部件之间的电路连接和信息传送关系，以便体会运算器在计算机整机系统中的作用。

总线是计算机各部件之间完成数据传送的公共通路，内部总线 IB 双方向工作，既用于输入又用于输出。运算器通过内部总线 IB 和存储器、IO 接口实现数据传送，如 mem[ar]→DR、(R0)→io_port 都要经过 IB。

地址寄存器 AR 用于向地址总线 AB 提供内存地址，是输出信号。标志位寄存器 Flag

要把标志位信息C、Z送控制器部件,也是输出信号。

控制运算器运行的控制信号是由计算机的控制器提供的,包括寄存器编号dr和sr、REGs和AR的写入命令、ALU功能选择信号和Flag的接收控制信号以及全部的多路选择器的选择控制信号和各个选通门的控制信号。控制器如何产生这些信号不是现在关心的问题,这里要讨论的是运算器需要在什么控制信号的控制下完成某种运算功能,如怎样做才能完成REGs(3)+REGs(2)→REGs(3)的功能?

从图7.2可以看到,要实现REGs(3)+REGs(2)→REGs(3),需要寄存器编号dr为3,sr为2,这两个编号来自指令寄存器的操作数地址字段,b_sel为00,a_sel为0,以便把这两个寄存器编号送到寄存器组的输入端,用于读出两个寄存器的内容b_data和a_data。

s_sel和r_sel应选00,以便选择把从寄存器组中读出的两路数据b_data和a_data送到ALU的S和R输入端,令ALU的功能选择为000,以便ALU执行两路输入数据的加法运算,令reg_src为00(无移位功能),reg_wt为1,完成寄存器组的写入操作。令flag_fun为001,控制标志位寄存器的接收操作。这些控制信号的取值可以从图7.2中看到,也可以从描述运算器部件的VHDL语言程序中得知。

再看一个更复杂的修改堆栈指针并送地址寄存器的运算功能:SP→AR并SP+1→SP,这是从堆栈中弹出数据操作的第一步,即把堆栈指针的当前值送入地址寄存器,并对堆栈指针内容执行加1操作。已经选用R4作为堆栈指针,因此要求向寄存器组提供R4的编号0100,b_sel和a_sel应分别选01和1。实现SP+1→SP可通过选择s_sel=00和r_sel=11,alu_func =000和reg_src=00、reg_wt=1来完成,实现SP→AR可通过y_sel=1和ar_wt=1来完成。这两项功能是同一个时钟周期在运算器部件内部同时完成的,用一个二选一电路(y_sel)向Y提供数据来源才能做到;否则,必须用两个操作步骤分别完成SP→AR和SP+1→SP这两项功能。

3. 运算器部件的设计实现

这个运算器是在现场可编程的门阵列器件FPGA芯片中实现,其组成和功能是选用硬件描述语言VHDL描述的。设计运算器的VHDL语言程序的工作就是用VHDL语言把前面讲过的内容"写"出来,就是依据VHDL语言的具体规定,使用其相关语句把前面用中文文字讲解的、逻辑框图展现的内容"翻译"成为表达更加简明、更加严谨的VHDL语言的程序代码,这里没有太多不好理解、难以解决的难题。需要的只是理解几个关键的VHDL语句的功能,它与硬件线路的对应关系。在这里不可能对有关VHDL语言的功能、语法和使用方法等全面讲解,只想给出某些最为基础的概念和入门性知识,并在设计的VHDL语言程序中加上比较详细的注释与必要说明,以尽量降低读者的学习难度,使更多的人能尽快看懂这个程序中的主要内容,并可以开展自己的设计工作。

4. 运算器部件的VHDL语言源程序节选

下面给出描述FPGA-CPU系统运算器的VHDL语言程序模块的部分代码。

```
library ieee;                       --说明程序中使用的数据类型和函数库
use ieee.std_logic_1164.all;
use ieee.std_logic_unsigned.all;
use ieee.std_logic_arith.all;
entity alu is                       --在实体部分说明这个部件的输入输出信号的属性和类型
```

```
  port(clock :in  std_logic;
    dr, sr      :in  std_logic_vector(3 downto 0);
    a_sel       :in  std_logic;
    b_sel       :in  std_logic_vector(1 downto 0);
    reg_wt      :in  std_logic;
    reg_src     :in  std_logic_vector(1 downto 0);
    s_sel       :in  std_logic_vector(1 downto 0);
    r_sel       :in  std_logic_vector(1 downto 0);
    y_sel       :in  std_logic;
    ib          :inout  std_logic_vector(15 downto 0);
    alu_func    :in  std_logic_vector(2 downto 0);
    flag_func   :in  std_logic_vector(2 downto 0);
    flag_c      :out std_logic;
    flag_z      :out std_logic;
    y_out       :out std_logic_vector(15 downto 0);    --modify inti ar_out
    sr_ib       :in std_logic);
    --ar_wt     :in std_logic;
    --y_ib      :  in std_logic;
end alu;

architecture behavioral of alu is          --在结构体部分描述部件的硬件组成和功能
    signal a_addr, b_addr :std_logic_vector(3 downto 0);
                                           --说明硬件电路的组成与连接关系
    signal a_data, b_data :std_logic_vector(15 downto 0);
    signal s, r, alu_out, reg_input, y_out :std_logic_vector(15 downto 0);
    signal zero,cy :std_logic;
    subtype register_type is std_logic_vector(15 downto 0);
    type register_heap is array(0 to 15)of register_type;
    signal regs     : register_heap;

begin
    with b_sel select b_addr<=   --描述多路数据选择器功能的程序段,以 b_sel、a_sel 为例
      dr          when"00",      --运算器部件中的其他多路选择器都是以这种方式描述的
      "0100"      when"01",
      "0000"      when"10",
      (others =>'Z')when others;
    with a_sel select  a_addr <=
      sr     when '0',
      "0100"when '1',
      (others =>'Z')when others;
    a_data <=regs(conv_integer(a_addr));   --寄存器组的读出操作
    b_data <=regs(conv_integer(b_addr));

    register_write:process(clock,reg_wt,reg_input)
                                           --用一个 process 描述寄存器组的写入操作
```

```
    begin
      if  (rising_edge(clock)and(reg_wt='1'))
         then regs(conv_integer(b_addr))<=reg_input;end if;
    end process register_write;
    with alu_func select alu_out <=          --ALU的功能描述,能实现加、减、与、或、异或运算
        r+s          when"000",
        s-r          when"001",
        r or s       when"011",
        r xor s      when"110",
        (others=>'Z')when others;
    set_flags: process(clock)                --用一个process描述标志位寄存器的写入操作
    begin
        if(alu_out=X"0000")then zero<='1';else zero<='0';end if;
                                             --得到标志位zero的语句
        …                                    --得到标志位cy的语句,略掉
        if  rising_edge(clock)and((flag_func="001")or(flag_func="011")
            or(flag_func="100"))then flag_c<=cy;    --标志位寄存器Flags的写入操作
          flag_z<=zero;
        end if;
    end process set_flags;
end behavioral;
```

7.3 控制器部件的功能组成与设计

1. 控制器部件组成概述

这个控制器由程序计数器PC(提供指令地址)、指令寄存器IR(保存指令内容)、节拍发生器Timing(提供指令执行步骤信号)和控制信号产生电路CU(产生计算机各部件所需要的控制信号)4个基本部分组成,与前面看到的其他计算系统完全相同,对这部分内容无须再加说明。特殊之处是这里增加了一个加法器,专用于计算指令地址,包括在指令取指周期完成的PC+1→PC,得到的是下一条相邻指令的地址,在指令执行周期完成的PC+offset→PC,得到的是相对转移指令的目标地址,这个offset是IR的低位字节的内容。如何完成这两项操作功能在图中已经表示得很清楚,加法器的一路输入数据是PC的内容,另一路数据选择常数1或者offset的值,取决于控制信号add_src的值。

在控制器内部还增加了一个NPC寄存器,用于暂存执行CALA指令出现的主程序的断点地址,应在需要时控制其接收加法器的计算结果。NPC的内容需要经过三态门送到内部总线IB,用作写堆栈的数据,在子程序执行结束后,就可以从堆栈中读来这个信息并经IB将其写入PC,完成返回主程序断点的操作功能。可见,写入PC的信息有加法器的输出和内部总线IB上的信息,经过二选一电路选择后送到PC即可。

下面总结一下控制器和其他部件的信息传送关系。

(1) NPC的内容需要写入内存,PC需要接收从内存读出的指令地址,IR要接收从内存读出的指令内容,这3项操作都需要经过内部总线IB完成。

(2) PC的内容(指令地址)、IR低位字节的内容(I/O端口地址)要送地址总线AB,为

此要求把 PC 和 IR 低 8 位的输出连接到 AB 前面的三选一电路的数据输入端。

(3) IR 的低 8 位是指令操作数地址，dr 和 sr 两个 4 位的寄存器编号要送到运算器。控制器中的 CU 要用到 Flag 中 C、Z 两个标志位的值，这是控制器用到的输入信号。

(4) 控制器要把它产生的、用于控制其他部件运行的控制信号送到每个被控制部件，这些控制信号个数较多，需要梳理清楚。

2. 设计指令执行步骤

指令的执行步骤主要取决于指令的功能和格式、计算机的组成和结构、系统设计所追求的性能以及成本考虑等因素。这台计算机指令执行步骤的设计结果如图 7.3 所示，每条指都用两个或者 3 个操作步骤完成，相对简单。可以称指令执行的每个步骤为一个周期，则图中的 3 个步骤可分别称为取指周期、执行周期和存储周期。

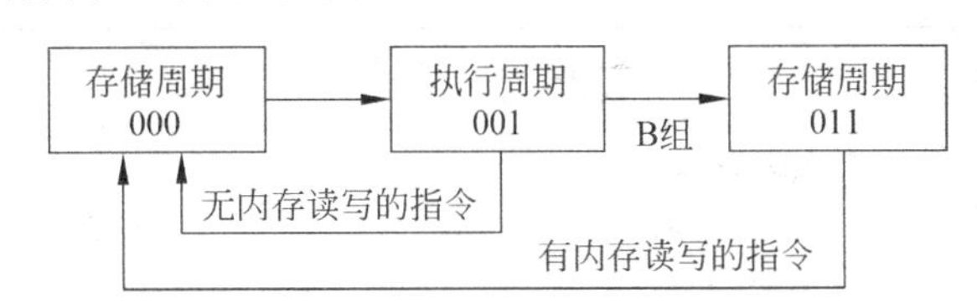

图 7.3　指令的周期状态转换关系

第 1 步，完成取指，用程序计数器 PC 内容作地址，完成从存储器读出指令并保存到指令寄存器 IR，同时计算出下一条相邻指令的地址(PC+1)并写回 PC，之后转入第 2 步。

第 2 步，执行运算，依照不同指令的具体功能，在运算器、控制器中完成不同的操作功能。

(1) 对实现寄存器中数据运算的指令，将执行读寄存器组、ALU 运算、写回结果到寄存器组的操作，可在本步骤中直接完成(不同于 MIPS 计算机中用 3 个步骤完成的方案)，之后进入下一条指令的取指过程。

(2) 对输入输出指令，执行送 IO 端口地址(在指令寄存器 IR 的低位字节)到地址总线，并发出读写接口的命令，完成读写串口操作，之后进入下一条指令的取指过程。

(3) 对双字的跳转指令 JMPA，用 PC 内容作地址，完成从存储器读出跳转地址并送 PC，对相对转移指令，完成计算转移地址并在条件成立时送 PC，之后进入下一条指令的取指过程。

(4) 对传送立即数指令 MVRD，用 PC 内容作地址，完成从存储器读出立即数并送入运算器中指定的寄存器和 PC+1→PC，之后进入下一条指令的取指过程。

(5) 读写数据存储器的 6 条指令需要用两步完成，首先在这一步计算存储器单元的地址并写到地址寄存器 AR，之后进入第 3 步。

(6) 子程序调用指令 CALA 和子程序返回指令 RET，需要用两步完成。CALA 指令在这一步用 PC 内容读来子程序入口地址并写入 PC，暂存主程序断点到 NPC，还要修改堆栈指令内容并写入地址寄存器 AR，之后进入第 3 步；子程序返回指令 RET 在本步要修改堆栈指令内容并写入地址寄存器 AR，之后进入第 3 步。

第 3 步，执行存储器的读写操作，写入的数据可能来自 REGs、NPC 或程序状态字，读出的数据可能写入 REGs、程序状态字，读出的指令地址写入 PC，之后进入下条指令的取指过程。

读取指令的功能在取指周期完成,要使用控制器和存储器;数据运算和数据地址运算功能在执行周期完成,要使用运算器部件;对变更程序执行流程的指令,计算与变更指令地址在执行周期完成,要使用控制器部件;数据存储器的读写操作在存储周期完成,要使用存储器,还可能要使用运算器资源或控制器资源。这3个部件彼此保持一定的独立性,既有利于学生学懂计算机组成的结构和内部运行原理,也有利于实现简便的指令流水功能。

下面把每一条基本指令的功能划分到指令的3个周期中,设计结果如表7.1所示。

表7.1 29条基本指令的执行步骤及其功能划分

取指周期	执行周期		读写周期
PC→AB, mem[AB]→IR PC+1→PC			
寄存器数据运算与传输	DR op SR→DR	(add sub and or nor)	
	DR op SR	(cmp test)	
	SR+0→DR	(mvrr)	
	DR+1→DR	(inc)	
	DR−1→DR	(dec)	
	DR/2→DR	(shr)	
	DR * 2→DR	(shl)	
有关输入输出操作	[port]→R0	(in)	
	R0→[port]	(out)	
有关数据存储器读写	DR→AR	(strr)	SR→mem[AR]
	SR→AR	(ldrr)	mem[AR]→DR
	SP−1→SP,AR	(push)	DR→mem[AR]
	SP→AR,SP+1→SP	(pop)	mem[AR]→DR
	SP−1→SP,AR	(pshf)	Flag→mem[AR]
	SP→AR,SP+1→SP	(popf)	mem[AR]→Flag
变更指令执行次序	PC+1→PC,I_mem[PC]→DR	(mvrd)	
	PC+offset→PC(jr jrc jrnc jrz jrnz)仅在转移条件成立时执行写PC操作		
	I_mem[PC]→PC	(jmpa)	
保存主程序断点	PC+1→NPC,I_mem[PC]→PC	(cala)	
	SP−1→SP,AR		NPC→mem[AR]
返回到主程序断点	SP−1→SP,AR		NPC→mem[AR]
	SP→AR,SP+1→SP	(ret)	mem[AR]→PC

3. 确定计算机各部件要求使用的控制信号

计算机各个部件需要使用的控制信号是由各部件本身的组成与运行控制要求决定的,这些控制信号是由控制器部件中的CU电路依据指令及其所处的执行步骤产生并送到各个部件,从图7.4可以看到部件之间数据的传送关系以及全部控制信号的组成和控制功能。

至此已经对教学计算机系统中CPU的组成和功能讲解清楚。此前又已经讲解了控制器部件的组成和运行机制,指令的执行步骤和每条指令在各个步骤要完成的功能,各部件用到的控制信号和各信号的控制作用。接下来的主要工作就是用VHDL硬件描述语言把前面讲过的内容“写”出来。通俗地讲,就是依据VHDL语言的具体规定,使用其相关语句把前面用中文文字和几张逻辑框图一般讲解和展示的内容“翻译”成表达更加简练、描述更加

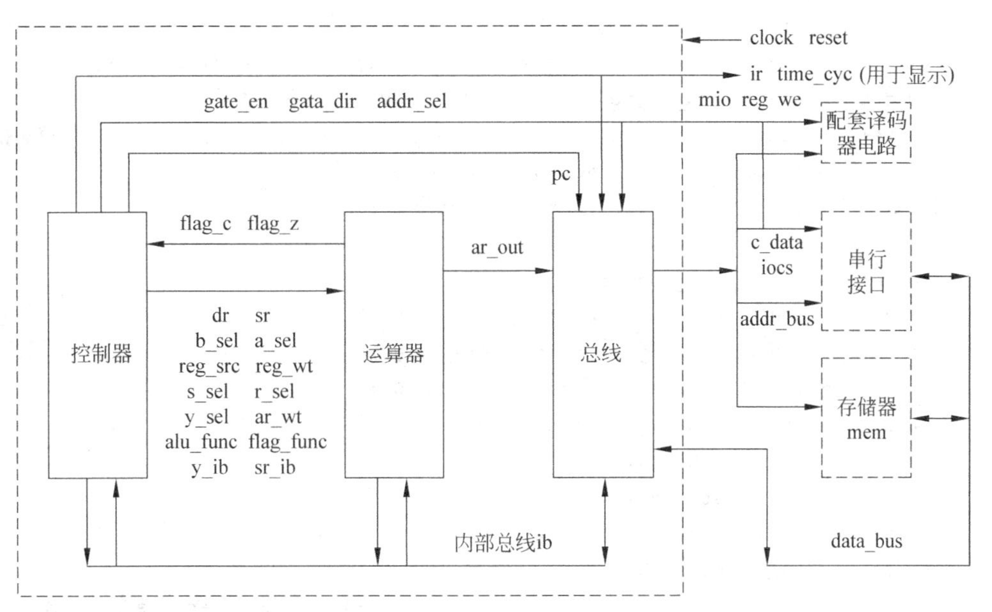

图 7.4 部件之间的数据与控制信号的传送关系

严谨的 VHDL 语言的程序,没有太多不好理解、难以破解的难题。需要的只是理解几个关键的 VHDL 语句的功能,它与硬件线路的对应关系。在这里不可能对有关 VHDL 语言的功能、语法和使用方法等全面讲解,只想给出某些最为基础的概念和入门性知识,并在设计的 VHDL 语言程序中加上比较详细的注释与必要说明,以尽量降低读者的学习难度,使更多的人能尽快看懂这个程序中的主要内容,并可以开展自己的设计工作。

4. 控制器部件的 VHDL 语言程序节选

控制器设计的下一步工作是写出描述其组成与功能的 VHDL 语言程序,这里更倾向于只给出关键的部分代码而不是全部,既压缩了教材篇幅、方便阅读,也有足以体现控制器组成与运行的基本原理,还为学生自己补充设计所缺的程序代码、开展设计型实验留下必要的空间。下面给出的是这个完整程序的部分代码。

```
library ieee;                    --程序中用到的库文件
use ieee.std_logic_1164.all;
use ieee.std_logic_unsigned.all;
use ieee.std_logic_arith.all;

entity controller is             --工程文件的实体部分,说明其输入输出信号的属性和类型
  port(clock:in    std_logic;                          --时钟脉冲
    reset    :in    std_logic;                          --系统总清信号
    im_addr  :out   std_logic_vector(15 downto 0);      --送到指令存储器的地址
    im_data  :in    std_logic_vector(15 downto 0);      --接收来自指令存储器的指令内容
    ir       :out   std_logic_vector(15 downto 0);      --输出的指令内容,用于显示
    dr       :out   std_logic_vector(3 downto 0);       --送运算器的寄存器编号 dr 和 sr
    sr       :out   std_logic_vector(3 downto 0);
    flag_c   :in    std_logic;                          --来自标志位寄存器的 c 和 z
```

```
    flag_z    :in    std_logic;
    ib        :inout std_logic_vector(15 downto 0);  --双向入出的内部总线
    d_out     :out   std_logic_vector(15 downto 0);  --送运算器的立即数
    a_sel     :out   std_logic;                      --12 个(组)送往运算器的控制信号
    b_sel     :out   std_logic_vector(1 downto 0);
reg_src       :out   std_logic_vector(1 downto 0);
    reg_wt    :out   std_logic;
    d_sel     :out   std_logic;
    r_sel     :out   std_logic_vector(1 downto 0);
    s_sel     :out   std_logic_vector(1 downto 0);
    alu_func  :out   std_logic_vector(2 downto 0);
    flag_func:out    std_logic_vector(2 downto 0);
    y_sel     :out   std_logic;
    ar_wt     :out   std_logic;
    y_ib      :out   std_logic;
    gate_en   :out   std_logic;
                                                  --两个送往 interface 部件的控制信号
    gate_dir  :out   std_logic;
    mio,      :out   std_logic;                      --3 个送往印制电路板的控制信号
    req       :out   std_logic;
    we        :out   std_logic;
    time_cyc  :out   std_logic_vector(2 downto 0);   --输出的节拍状态信号,用于显示
    sr_ib     :out   std_logic;                      --送往运算器部件的控制信号
    addr_sel  :out   std_logic_vector);              --送往 interface 部件的控制信号
end controller;

architecture behavioral of controller is             --工程文件的结构体部分,描述部件
                                                       的组成与行为
  signal pc_src      :std_logic_vector(1 downto 0);  --控制器内部使用的逻辑电路和控
                                                       制信号
  signal timing      :std_logic_vector(2 downto 0);  --节拍发生器
  signal adder_output:std_logic_vector(15 downto 0); --程序计数器
  signal pc          :std_logic_vector(15 downto 0);
  signal npc         :std_logic_vector(15 downto 0);
  signal ir_inter    :std_logic_vector(15 downto 0); --指令寄存器
  signal offset      :std_logic_vector(15 downto 0); --计算相对转移地址的偏移量
  signal pc_input    :std_logic_vector(15 downto 0);
  signal icode       :std_logic_vector(15 downto 8);
  signal add_src     :std_logic;
  signal pc_wt       :std_logic;
  signal ir_wt       :std_logic;
  signal npc_ib      :std_logic;
  signalnpc_wt       :std_logic;

begin
```

```
icode <=ir_inter(15 downto 8);           --指令操作码
dr    <=ir_inter(7 downto 4);            --目的寄存器编号
sr    <=ir_inter(3 downto 0);            --源寄存器编号
time_keeper:process(clock,reset)         --节拍发生器电路,实现有限状态自动机的状态
                                           转换功能
begin                                    --提供指令执行的步骤标记信号
  if(reset='1')then timing<="100";       --若是系统总清操作,则进入等待启动的过程
   elsif rising_edge(clock)then          --否则系统进入正常运行状态
     case timing is
       when"000"=>timing<="001";         --取指周期
       when"001"=>if (ir_inter(15)='1')and((ir_inter(8)='1')or          --执行周期
                      (ir_inter(11 downto 8)="1110")or(ir_inter(14 downto 8)="
                      1100000"))
                      then timing <="011";  else timing<="000";    end if;
       when"011"=>timing<="000";         --内存读写周期
       when others=>timing<="000";
     end case;
  end if;
end process time_keeper;
produce_ctlsig:process(timing)           --控制信号产生部件的功能,依据指令和它所处
                                           的执行步骤
begin                                    --提供各个部件所需要的控制信号
 a_sel  <='0'; b_sel<="00"; reg_wt  <='0';flag_func<="000";y_ib  <='0';
                                         --首先为每组(位)
 d_sel  <='0'; s_sel<="00"; ar_wt  <='0';alu_func <="000";npc_ib<='0';
                                         --信号赋初值 0
 y_sel  <='0'; r_sel<="00"; add_src <='0';mio      <='0';
 reg_src<="00";gate_en<='0';gate_dir<='0';pc_src   <="00" ;pc_wt<='0'; npc_wt
 <='0';
 we<='0'; sr_ib<='0';
 case timing is                          --设计每个指令周期各有关控制信号的实际值
  when"000"=>  pc_wt<='1';ir_wt<='1';    --在取指周期只有控制器在执行取指功能
  when "001" =>                          --在执行周期,不同指令完成不同的运算处理功
                                           能,需要为不同的指令
   caseicode is                          --提供各不相同的控制信号,此处只需写出其值不
                                           为 0 的控制信号的实际值
      when X"00"=>  flag_func<="001";reg_wt<='1';                   --add
      when X"02"=>alu_func<="100";flag_func<="001";reg_wt<='1';     --and
      when X"03"=>alu_func<="001";flag_func<="001";                 --cmp
      when X"08"=>alu_func<="001";flag_func<="001";reg_wt<='1';r_sel<="11";
                                                                    --dec
      when X"0b"=>reg_src<="01"  ;flag_func<="100";reg_wt<='1';r_sel<="01";
                                                                    --shr
      when X"86"=>b_sel<="10";y_ib<='1';r_sel<="01";we<='1';        --out
                gate_dir<='1';gate_en<='1';mio<='1';req<='1';
```

```
                if(ir_inter(7 downto 4)="1000")then io_cs<='1'; end if;
        when X"44"=>add_src<='1';if flag_c='1'then pc_wt<='1';end if;   --jrc
        when X"80"=>pc_src<="01";              pc_wt<='1';              --jmpa
        when X"ce"=>b_sel<="01";r_sel<="11";alu_func<="001";reg_wt<='1';
                ar_wt<='1'; pc_src<="01";pc_wt<='1';                    --cala
        when X"81"=>s_sel<="01";ar_wt <='1';                            --ldrr
        when others=>null;
      end case;  --icode
    when "011" =>gate_en<='1';mio<='1';req<='0';we<='0';
                                                      --在存储器读写完成读写操作
      case icode is      --存储器的地址已经在执行周期计算出来并保存到地址寄存器 AR 中
        when X"ce"=>npc_ib<='1' ;  gate_dir<='1';we<='1';               --cala
        when X"81"=>s_sel <="01";r_sel<="10";reg_wt  <='1';             --ldrr
        when others=>null;
      end case;
    when others =>null;
   end case;
end process produce_ctlsig;

im_addr<=pc;d_out <=im_data;     --PC内容送指令地址寄存器,读出的指令内容用于输出
set_ir: process(clock, ir_wt)
begin       --当写 IR 的控制信号为 1 时,在时钟脉冲的上升沿把指令内容写入指令寄存器 IR
  if(rising_edge(clock)and ir_wt='1')then ir_inter <=im_data;  end if;
end process set_ir;
with pc_src select  pc_input <=  --选择将送入 PC 的程序地址的来源
  adder_output when"00",         --PC 接收指令地址加法器的输出
  im_data      when"01",         --PC 接收第 2 个指令字的内容
  ib           when "10",        --PC 接收从堆栈中读出的主程序的返回地址
  (others=>'Z')when others;
set_pc: process(clock, reset)    --控制程序计数器的接收操作
begin
  if(reset='1')then pc<=X"0000";  --RESET 操作时为 PC 设置初值 0(监控程序的起始地址)
     elsif(rising_edge(clock)and pc_wt='1')then pc<=pc_input;   end if;
end process set_pc;              --否则在需要写 PC 时,在脉冲的上升沿执行 PC 写入操作
offset <=ir_inter(7)&ir_inter(7)&ir_inter(7)&ir_inter(7)
                                 --得到相对寻址中偏移量的补码值
     &ir_inter(7)&ir_inter(7)&ir_inter(7)&ir_inter(7)&ir_inter(7 downto 0);
adder_output <=pc+offset when add_src='1' else pc+1;
                                 --计算指令地址的加法器的运算功能
set_npc:process(clock)
begin                            --为子程序调用指令暂存返回地址到 NPC 寄存器
  if(rising_edge(clock)and(npc_wt<='1'))then npc<=adder_output;   end if;
end process set_npc;

with npc_ib select ib <=
```

```
    npc          when '1',              --需要时把暂存在NPC中的内容送内部总线IB
    (others=>'Z')when others;           --否则使IB处于高阻态
  ir<=ir_inter;                         --把指令寄存器的内容输出,用于显示
  time_cyc<=timing;                     --把节拍发生器的内容输出,用于显示
end behaviora
```

附录 A 硬件描述语言 ABEL-HDL 知识简单介绍

讲解 ABEL 语言的用户手册有 200 多页，这里仅把用到的基础知识（只是全部知识中很少的一部分）作简单说明，有了这些基础知识，再结合给出的程序实例，同学就可以使用 ABEL 完成教学实验。更多内容参阅 *ABEL-VHD Reference Manual* 一书。

1. ABEL 语言的基本语法

标识符用来标识模块名称、器件名称、器件管脚名称、输入或输出信号名称、状态名称、集合名称、常量名称等。标识符与字母大小写有关，如 En 和 en 是不同的标识符。

关键字是一些具有特殊用途的保留标识符。关键字可以用大写、小写或大小写混合方式表示，它们的含义相同。

专用常量可以用大写或者小写字母表示，其含义相同。表示方法是在英文字母的左、右下方各加一个圆点，如. X. 表示任意值、. Z. 表示高阻态。

运算符，有 3 种常用的运算符

逻辑运算符		关系运算符				赋值运算符	
&	与运算	==	等于	!=	不等于	=	组合逻辑赋值
#	或运算	>	大于	>=	大于等于	:=	时序逻辑赋值
!	非运算	<	小于	<=	小于等于		

块，是括在花括号“{ }”内的一段 ASCII 码文本，该文本可以是一行，也可以是多行。块用在方程语句中，可以嵌套使用。

语句，在程序中的语句通常是同时执行的，与书写的前后次序无关，反映的是硬件系统运行的真实情况。

语句中的赋值符号是=或:=，常与 when 语句配合使用，完成条件赋值。在方程中允许使用 when-then-else 语句，但不能使用 if-then-else 语句。例如：

```
When(Mode ==S_Data)then { Out_data :=S_in;  S_Valid  :=1; }
                  else when(Mode ==T_Data)
                       then { Out_data :=T_in;  T_Valid  :=1; }
```

对同一信号的多个赋值语句之间是或的关系，例 A=B;A=C;与 A= B # C 等效。

2. ABEL 语言程序结构

ABEL（也称 ABEL-HDL）语言，是由美国 DATA I/O 公司于 1983—1988 年推出的一

种硬件描述语言，可用于描述现场可编程的 CPLD 器件内部的线路组成与实现功能（结构和行为）。

基本的 ABEL 的程序通常由头段、说明段、逻辑描述段、结束段等部分组成。

模块的头段由保留字 MODULE、TITLE 开始的两行构成，用于给出模块名和标题名。

还可以通过注释形式给出其他一些信息。注释是在双撇号（"）之后给出的说明性信息，通常以行结束符结束本行注释，注释对提高程序可读性有明显效果。

模块的结束段由保留字 END 表示，用于结束模块程序。END 之后的内容可用于注释。

说明段和逻辑描述段的次序，通常需要满足先说明后使用的规则。

说明段由保留字 DECLARATIONS 开始，用于对信号、常量、集合、宏（未使用）。使用最多的是信号，在说明段中，需要说明选用的信号名称、类型及其管脚分配等。

信号包括 I/O 信号，它直接与管脚连接（要通过 PIN 指定 IO 管脚号）和内部隐埋的节点信号（要用 NODE 说明且不能分配 IO 管脚号）两大类。

信号名称应符合对标识符（Symbol）的规定，不能和保留字（关键字）相同，在用户选用的标识符中是区分大小写字母的。

信号类型包括组合逻辑类型（用 ISTYPE 'COM' 说明）和时序逻辑类型（用 ISTYPE 'REG' 说明），未明确说明的信号，默认其类型是组合逻辑。IO 信号用作输入还是输出（称其为属性），取决于它在逻辑表达式中的位置。

每一个说明语句用分号（;）结束。

逻辑描述段由保留字 EQUATIONS 开始，用于给出每一位输出 IO 信号、每一个节点信号的逻辑方程。其中赋值号'＝'用于向组合逻辑信号赋值，赋值号'：＝'用于向时序逻辑信号赋值。

出现在赋值号左侧的信号是输出信号，出现在赋值号右侧的信号是输入信号。表达式中的'&'、'#'、'! '分别是'与'、'或'、'非'运算符。

某些管脚可以分时用于输入和输出，会用到三态逻辑，需要写出单独的控制语句，通过在变量名后接'.OE ＝控制信号名'的方式指出输出是正常电平还是高阻态。

需要为触发器电路指定时钟脉冲信号，要写出单独的语句，通过用在变量名后接'.CLK＝脉冲信号名'的方式指出用到的时钟信号。

每一个赋值语句用分号（;）结束。

3. ABEL 程序设计中的技术问题

（1）在 ABEL 程序中使用真值表描述'com'类型的信号是一个很好的选择，可以避免由设计者劳心费力地写出这些信号的逻辑方程，把组合逻辑控制器的设计工作转化为填写这个真值表中的具体内容，而把得到这些信号的逻辑方程的工作留给了编译软件来完成，实验者可以随时查看由编译软件生成的逻辑方程式，这有助于查找 ABEL 程序中的设计错误，即设计者写出的语句是否准确体现出设计者的意图。

（2）在真值表中的输出信号只能是'com'类型的信号，必须在说明部分明确说明；而用逻辑方程描述的信号不明确说明也可以，系统会默认为其为'com'类型。

（3）要有意识地定义常量和使用集合，这对简化 ABEL 程序中的逻辑方程、提高程序的可读性有重要影响。例如，说明集合 ir_op＝[ir_op7..jr_op0]；常量 ADD＝(ir_op＝＝^h00)；逻辑方程中 ADD 代表 8 位的指令操作码是 00000000，体现的是指令译码器电路的功能。

(4) 程序中的寄存器通常由D型触发器组成,运行时需用时钟的上升边沿控制接收,要通过点后缀方式(.clk)为寄存器指定时钟信号,如 pc.clk=CLK、ir.clk=CLK。

(5) 完成向寄存器赋值有两种方式。

① 在条件赋值语句中使用:= 符号,当条件成立时将把输入数据保存到寄存器;当条件不成立时,会把数值0保存到寄存器,这通常是需要避免的。为此可以把寄存器的内容作为输入执行一次写操作。例如,when cif then ir:= DB; else ir:= ir; ir.clk=CLK; 指令寄存器 ir 仅在取指周期(cif)接收从内存读来的指令,在其他周期 ir 接收自己的内容,而不是被清零,这是靠 else 语句保证的。

② 在条件赋值语句中,可以通过点后缀方式(.ce)说明寄存器有输入使能控制功能,并改用=作为赋值符。例如,when cif then ir=DB; ir.ce=cif; ir.clk=CLK;则 ir 仅在取指周期(cif)接收 DB,其他情况 ir 内容将保持不变。

又如 flag_c 仅在3种条件下接收不同输入,否则不变,可描述如下:

```
when cexe&ADD then flag_c=Cy;         when cexe&AND then flag_c=0;
when cexe&SHR then flag_c=ram0;       flag_c.clk=CLK;flag_c.ce=flag_c_ce;
flag_c_ce =cexe&(ADD#AND#SHR);
```

此处有3个向触发器 flag_c 赋值的语句,3个语句是或关系,就能保证 flag_c 仅在满足这3种条件时才接收输入,其他情况下其内容将保持不变。

(6) 使用@include'文件名'语句可以把一段 ABEL 程序引入到一个程序模块中。

附录 B MACH器件的编程方法和操作步骤——LC4256V器件

MACH器件采用CMOS电可擦工艺制造，有现场编程(In System Programmability，ISP)能力，即通过下载电缆直接对已装在印制板上的器件进行编程。MACH器件的这种ISP方法的编程设计大致可分为建立源文件、编译和生成JEDEC(可编程逻辑文件)编程器装入文件、下载编程、调试运行4个步骤。

(1) 建立源文件，可以使用ABEL或VHDL硬件描述语言提供的文本编辑器，建立或编辑扩展名分别为.abl或.vhd的源文件。

(2) 编译源文件并生成扩展名为.jed的结果文件。用ispLEVER软件完成。

(3) 下载结果文件到MACH芯片中，可使用Lattice Semiconductor公司的ispLEVER软件或ispVM System软件完成。

(4) 调试、运行完成下载的硬件系统。

下面简要介绍ISPLEVER软件、ispVM System软件的使用方法和操作过程。

ISPLEVER软件是Lattice Semiconductor公司的产品。ISPLEVER软件将器件选择，源文件的建立或导入，源文件的编辑、编译，功能模拟，生成编程文件等诸多功能都集成在工程项目引导器(ISPLEVER Project Nevigator)中。引导器帮助用户完成整个设计的全过程。下面将以实验1的内容为例对它的具体使用方法进行说明。

给出的shiyan1.abl源文件可以使用文本编辑器软件进行编辑，假设这个文件被存放在d/shiyan1文件夹中。

1. 在工程项目引导器中创建一个新工程项目

可以按照以下步骤创建一个新的工程项目，首先运行ISPLEVER软件，并启动工程项目引导器(ISPLEVER Project Nevigator)。

(1) 文件菜单中，单击新工程项目(New Project)命令。

在ISPLEVER中一个工程项目就是一个设计，每一个工程项目对应一个独立的目录，它包含所有的源文件、中间的数据文件和结果文件。

对于新启动的工程项目引导器，位于左边的源文件(Sources in Project)窗口中一般仍保存有前一次工程项目文件，在执行(1)步骤前，使用“文件”菜单中“关闭工程项目(Close Project)”命令将其清除。

(2) 在新创建的工程项目对话框中，选择或新建新的工程项目的保存目录，输入工程项目文件名(*.syn)或使用默认的工程项目名 untitled.syn。从4种工程项目类型(Project type)ABEL、VHDL、Verilog HDL、EDIF 选择一种,实验1所给例子使用 ABEL-HDL 描述语言,所以选择 ABEL 类型,如附图 B.1 所示。最后单击"保存"按钮,返回到如附图 B.2 所示的工程项目引导器窗口。

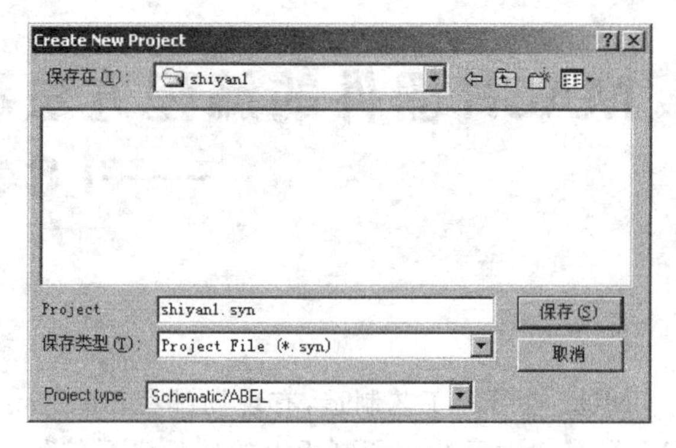

附图 B.1　创建新工程项目对话框

(3) 双击附图 B.2 中的器件图标,出现器件选择(Device Selector)对话框,通过下拉菜单在 Family 和 Device 两个选项中选择你所使用的器件,其他选项在选好 Family 和 Device 两个选项后会自动配置,不需选择。这里所用的是 Lattice LC4256V 器件,因此,Family 选项选 ispMACH 4000,Device 选项选 LC4256V。

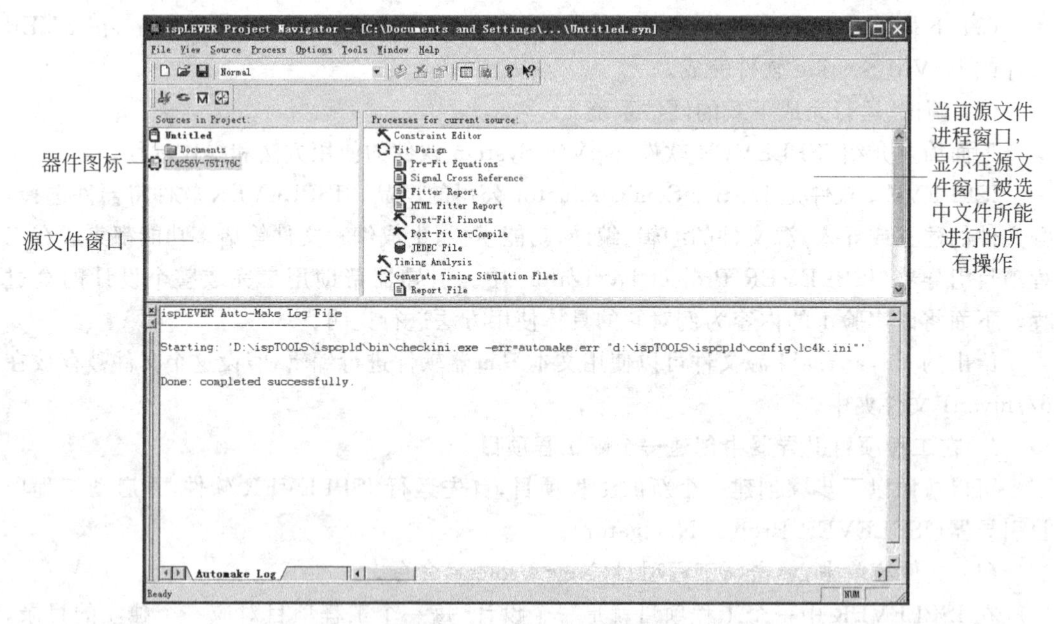

附图 B.2　工程项目引导器

2. 导入一个已有的源文件或新建一个源文件

(1) 在 Source 菜单中,选择 Import 命令,出现 Import File 对话框,双击对话框中的 shiyan1.abl 文件,则该源文件出现在工程项目引导器源文件窗口中,如附图 B.3 所示。

也可使用 Source 菜单中的 New 命令,创建一个新的源文件。

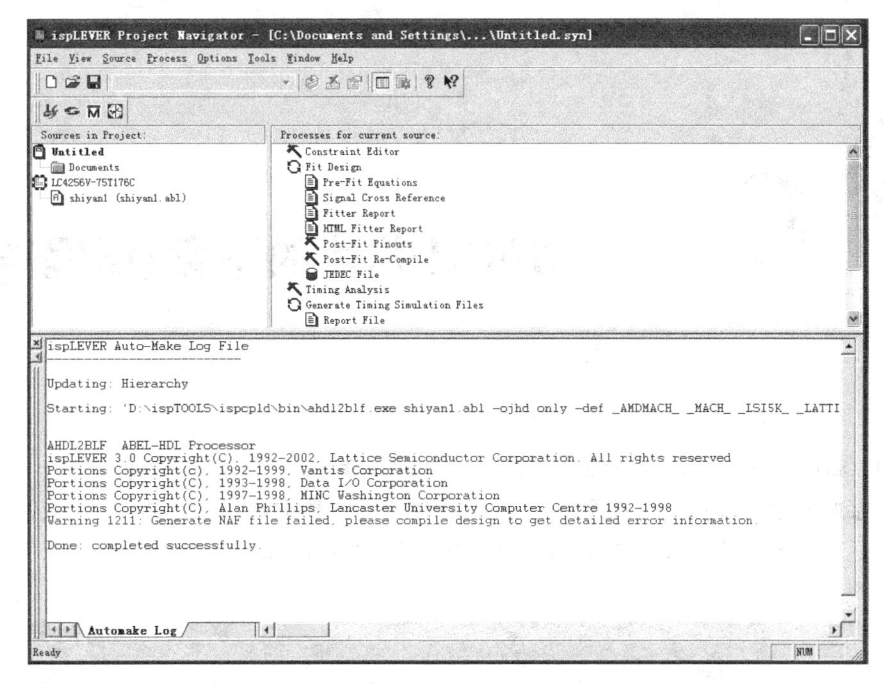

附图 B.3　选择已有的或建立新的源文件

(2) 双击附图 B.3 所示的 MACH 文本文件图标,将运行文本编辑器(Text Editor),被编辑文件的内容将显示在工程项目引导器右侧的文本显示窗口中,接着可以开始编辑操作,编辑结束后需要通过单击“保存”按钮保存编辑结果,这里的操作过程和屏幕显示内容从略。

3. 编译

单击附图 B.3 所示的 MACH 文本文件(shiyan1.abl)图标,则在附图 B.3 右侧当前源文件进程窗口中显示 Compile Logic 任务项,双击该选项则启动对源文件 shiyan1.abl 编译操作,此项操作只是检查并指出源文件中的语法错误。如果有错,则进入文本编辑器来执行修改操作。如编译通过,系统会在 Compile Logic 任务项前以红色的“√”标记。

4. 器件管脚分配

在源文件 shiyan1.abl 中直接对管脚进行定义即可。

5. 生成 JEDEC 编程文件

(1) 在附图 B.3 左侧源文件窗口中单击器件图标,则在附图 B.3 右侧当前源文件进程窗口中将显示几种可执行的任务项,双击其中的 JEDEC File 任务项,就启动对源文件的编译和优化操作,这里的编译是针对所选择的器件进行的,要检查并指出器件管脚指定是否有错,芯片资源使用是否全部支持,不合理等会进行检查,如有错则可进入文本编辑器来执行修改操作。

(2) 若无错,结束编译后会在任务项前以红色的“√”标记。若有警告信息,则以红色的“!”标记,警告信息通常并不影响 JEDEC 文件的使用。

附录 C MACH芯片的下载(编程)操作

启动 Lattice Semiconductor 公司的 ispVM System 软件,弹出主界面。

(1) 接好教学计算机上在线 MACH 编程电缆,打开教学计算机电源。

(2) 通过主界面的 SCAN 按钮找到在线编程器件,如附图 C.1 所示。

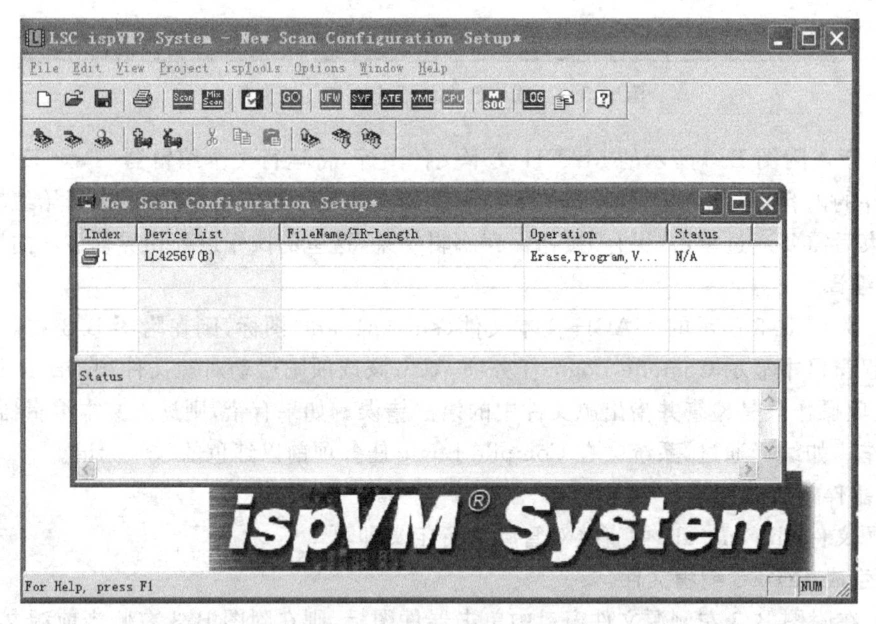

附图 C.1 扫描所用的器件型号

(3) 双击附图 C.1 中所找到的编程器件 LC4256V,窗口显示如附图 C.2 所示,通过 Browse 按钮选择已编译好的 JED 文件(shiyan1.jed),单击 OK 按钮。

(4) 重新回到主界面,单击 GO(Ctrl+GO)命令按钮启动下载操作。编程成功后,可关闭编程窗口。

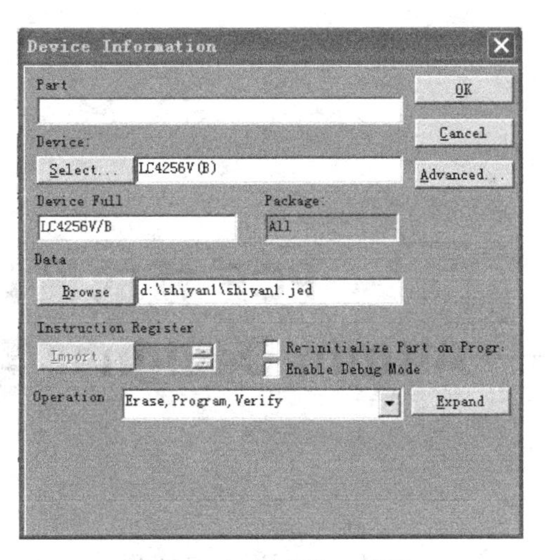
Device Information
Part
OK
Cancel
Device:
Select...
LC4256V(B)
Advanced...
Device Full
Package:
LC4256V/B
All
Data
Browse
d:\shiyan1\shiyan1.jed
Instruction Register
Import
Re-initialize Part on Progr
Enable Debug Mode
Operation
Erase, Program, Verify
Expand

附图 C.2　在线编程操作

附录 D PCB 板的设计与制作概述——Altium Designer 软件使用简介

设计印制电路板(Printed Circuit Board,PCB)是实现教学计算机系统过程中一项重要工作,设计工作量比较大,技术上较为复杂,设计质量要求高,需要选用 PCB 设计软件(选用的是 Altium Designer)来辅助完成 PCB 设计。使用这个软件会涉及比较多的概念、理论知识和设计技术,在本附录中只是有所提及,详细内容请查阅其他资料,本附录重点对 Altium Designer 软件的使用方法和操作过程进行简单介绍,目的是使学生对教学计算机工程实现中的某些问题有所了解,而不是具体讲解电路板布线。

EDA(Electronic Design Automation,电子设计自动化)是指以计算机为工作平台,使用工具软件辅助进行电子产品设计的技术,以取代此前非常繁重的人工设计工作,提高电子设计的工作效率和产品质量。这里讲的 EDA 技术是针对印制电路板 PCB 的设计,可以从概念、算法、协议等开始设计电子系统,其中大量工作要通过计算机完成。

这里选用的 Altium Designer 软件是一个完整的全方位电路设计工具,包含了原理图绘制、模拟电路与数字电路混合信号仿真、多层印制电路板设计(包含印制电路板自动布局布线),可编程逻辑器件设计等功能。软件功能强大、界面友好、使用方便、易学易用,其最具代表性的功能还是电路设计和 PCB 设计。

1. PCB 设计流程

在设计电路之前必须要有专业的理论作铺垫,如《电子技术基础》《电路分析基础》《模拟电路基础》《数字电路基础》等相关的专业知识,掌握了专业的理论知识才能保证你设计电路的科学合理性。PCB 设计就是把设计好的原理图变成一块实实在在的 PCB 电路板的过程,请勿小看这一设计,有很多原理上行得通的东西在工程中却难以实现,或是有人能实现、另一些人却实现不了,因此做一块 PCB 板不难,但要做一块好的 PCB 板并不容易。

在设计 PCB 板之前,首先要进行电路方案设计,一般需要根据电路情况或产品的需要,根据电路的功能先规划出电路的基本功能模块,并画出电路功能框图,标明各个部分分担的功能,并通过连线表明各模块之间的连接关系,尤其是各模块之间数据通路以及数据传送方向,实验计算机系统的电路功能框图如附图 D.1 所示。

接下来就可以使用 Altium Designer 软件设计 PCB 板,包括设计原理图、电路板上元器件布局和电路板布线,检查无错后交付电路板工厂进行制作,之后则可以进入焊接与调试阶段。

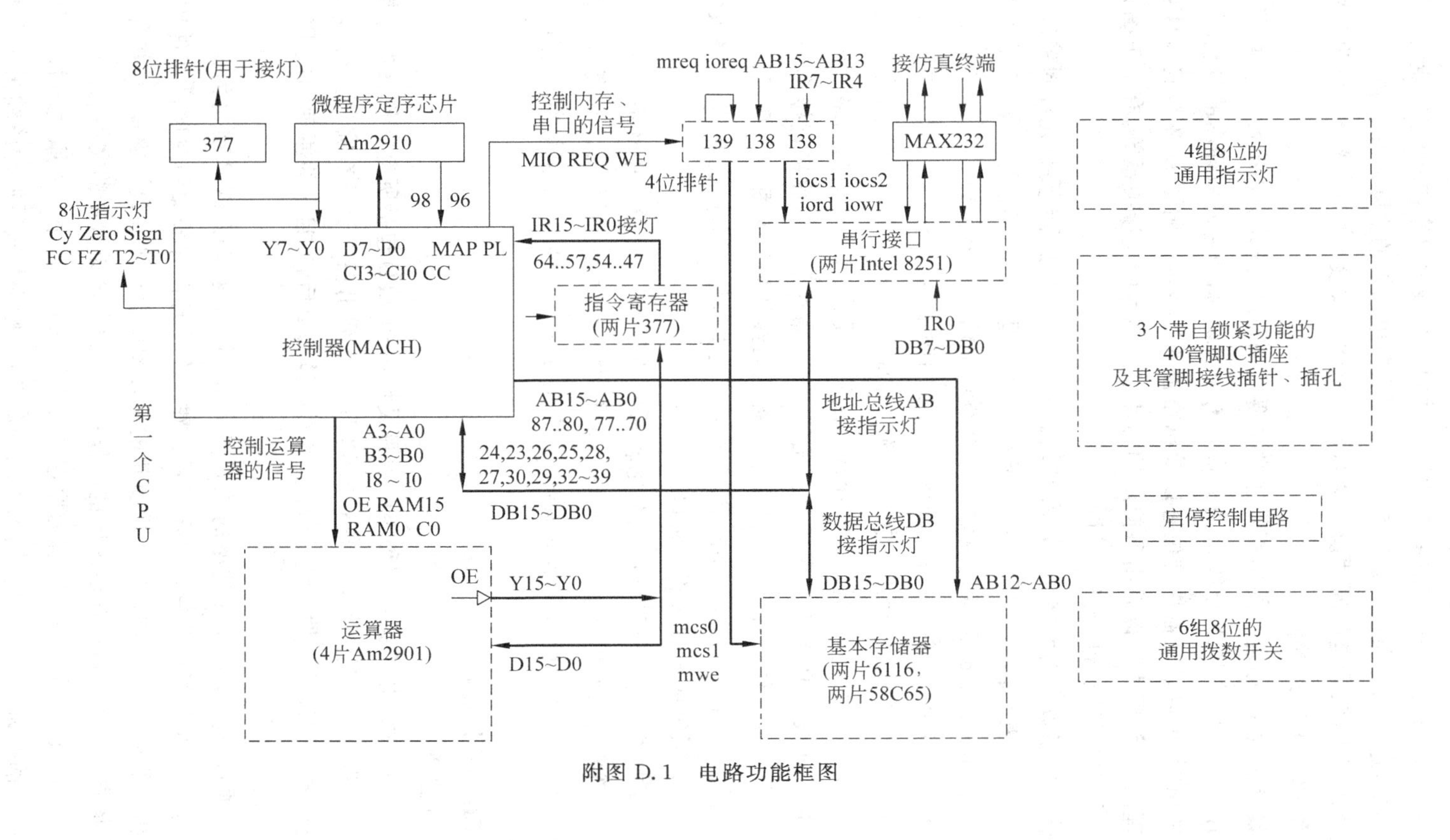
8位排针(用于接灯)
377
微程序定序芯片
Am2910
98
96
控制内存、
串口的信号
MIO REQ WE
mreq ioreq AB15~AB13
IR7~IR4
139 138 138
4位排针
接仿真终端
MAX232
4组8位的
通用指示灯
8位指示灯
Cy Zero Sign
FC FZ T2~T0
Y7~Y0 D7~D0 MAP PL
CI3~CI0 CC
控制器(MACH)
IR15~IR0接灯
64..57,54..47
指令寄存器
(两片377)
iocs1 iocs2
iord iowr
串行接口
(两片Intel 8251)
IR0
DB7~DB0
3个带自锁紧功能的
40管脚IC插座
及其管脚接线插针、插孔
第一个CPU
控制运算
器的信号
A3~A0
B3~B0
I8 ~ I0
OE RAM15
RAM0 C0
AB15~AB0
87..80, 77..70
24,23,26,25,28,
27,30,29,32~39
DB15~DB0
地址总线AB
接指示灯
数据总线DB
接指示灯
启停控制电路
OE
Y15~Y0
DB15~DB0
AB12~AB0
运算器
(4片Am2901)
D15~D0
mcs0
mcs1
mwe
基本存储器
(两片6116,
两片58C65)
6组8位的
通用拨数开关

附图 D.1 电路功能框图

第一项工作是设计原理图,即根据电路框图细化出对应的原理图,将电路系统具体化,这一阶段将确定选用的具体芯片,将这些芯片以元件的形式表示出来,并通过连线将各个元件的管脚连接起来,这些元件和连线最终都会对应到实际电路板的实际芯片和物理连接上。在原理图的设计过程中,实际是将原理设计通过图形化的方式表示出来,该部分的设计将决定电路的结构和PCB的布线规模。

在产品的设计过程中,原理图的作用是非常重要的,原理图设计的正确性关乎整个工程的质量甚至生命。下一步的PCB布线是基于原理图来实现的,通过对原理图的分析以及电路板其他条件的限制,可以确定器件的位置以及电路板的层数等。附图D.2是实验计算机系统的部分原理图,从该图中可以看出所使用的芯片以及芯片的连接关系等,有了正确完整的原理图之后,就可以着手绘制PCB板图了。

第二项工作是电路板上的元器件布局和布线。原理图画好之后需要将元件封装以及元件的连接信息(称网络表)转入到PCB中,由于在绘制原理图的时候已经包含了元件的封装、连接等信息,Altium Designer软件只需一个命令就能将元件网络表和元件封装信息直接发送到PCB设计环境中去,并且具有无缝对接和双向同步的功能。元件封装被传到PCB设计环境中之后,需要根据电路板大小、电气布局的合理性要求、PCB层数等特点对元件进行布局摆放,这一过程称为元件布局。元件布局好之后需要将PCB中根据网络表生成的预拉线进行连线,这个连线在PCB上就是一个铜箔线,PCB布线的合理性将直接影响电路板的质量好坏,这一阶段的工作非常重要。教学机主板的布线结果如附图D.3所示。

第三项工作是PCB生产加工,需要向PCB加工厂提供制作PCB的文件,等电路板生产出来之后就可以进入系统的调试和测试阶段。

以上只是简要概述进行电路设计中几个比较重要的环节,实际设计中还有很多细节工作需要完成,下面简要说明使用Altium Designer软件设计教学机主板的基本步骤和操作方法,顺便会提到设计中的某些概念和基本知识、需要注意的一些事项,更多详细内容请参考其他相关资料。

2. 设计PCB的具体过程

1) 创建PCB工程项目

Altium Designer中可以支持不同种类的项目设计,一个项目包括所有文件夹的连接和与设计有关的一些设置。项目文件,如xxx.PrjPCB,用于列出在项目里有哪些文件以及有关的配置,在里面的相关设计文件被统一管理,当项目被编辑后,项目中的原理图或PCB的任何改变都会被更新。

建立一个新项目的步骤对各种类型的项目都是相同的,这里以PCB项目为例进行说明。首先要创建一个PCB工程项目。下面就要创建一个原理图并添加到空项目文件中,在菜单栏中就有相应的菜单命令,创建完之后新建的原理图就会出现在设计窗口中,并自动添加到项目中,如附图D.4所示,保存原理图的时候可以对原理图设置新的文件名。

Altium Designer也支持将一个已有的原理图文件添加到项目中。当原理图打开后,工具栏增加了一组新的按钮,并且菜单栏增加了新的命令,这些都是进行原理图编辑所需要使用的菜单和工具。

首先需要对原理图进行一些基本设置,如网格间距、图纸大小等,这里只需要设置图纸大小为A4即可,如附图D.5所示。

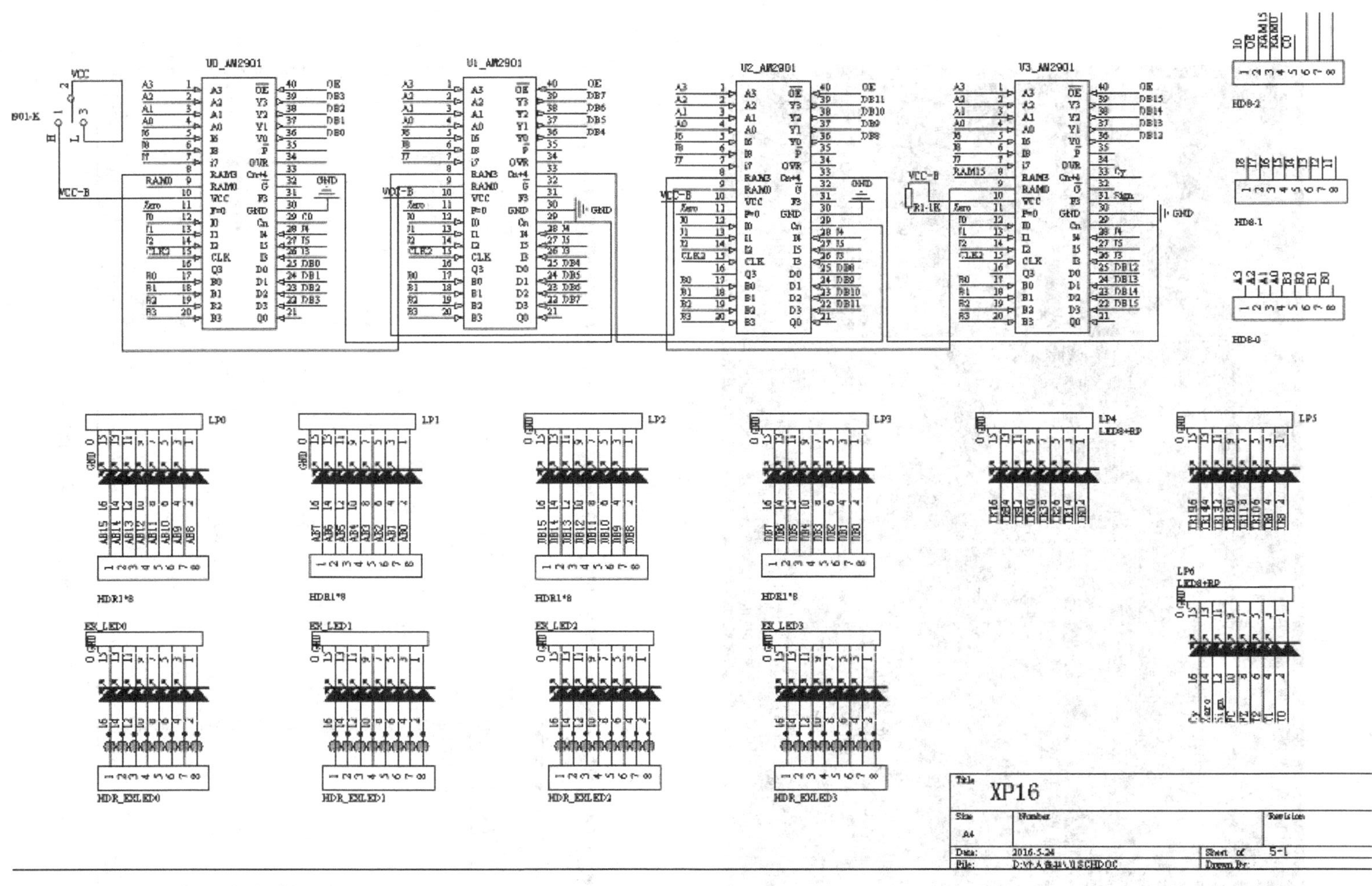
U0_AM2901
U1_AM2901
U2_AM2901
U3_AM2901
VCC
VCC-B
GND
R1-1K
HD8-2
HD8-1
HD8-0
LP0
LP1
LP2
LP3
LP4
LED8+BP
LP5
LP6
HDR1*8
EX_LED0
EX_LED1
EX_LED2
EX_LED3
HDR_EXLED0
HDR_EXLED1
HDR_EXLED2
HDR_EXLED3
XP16
A4
2016-5-24
5-1

附图 D.2　原理图

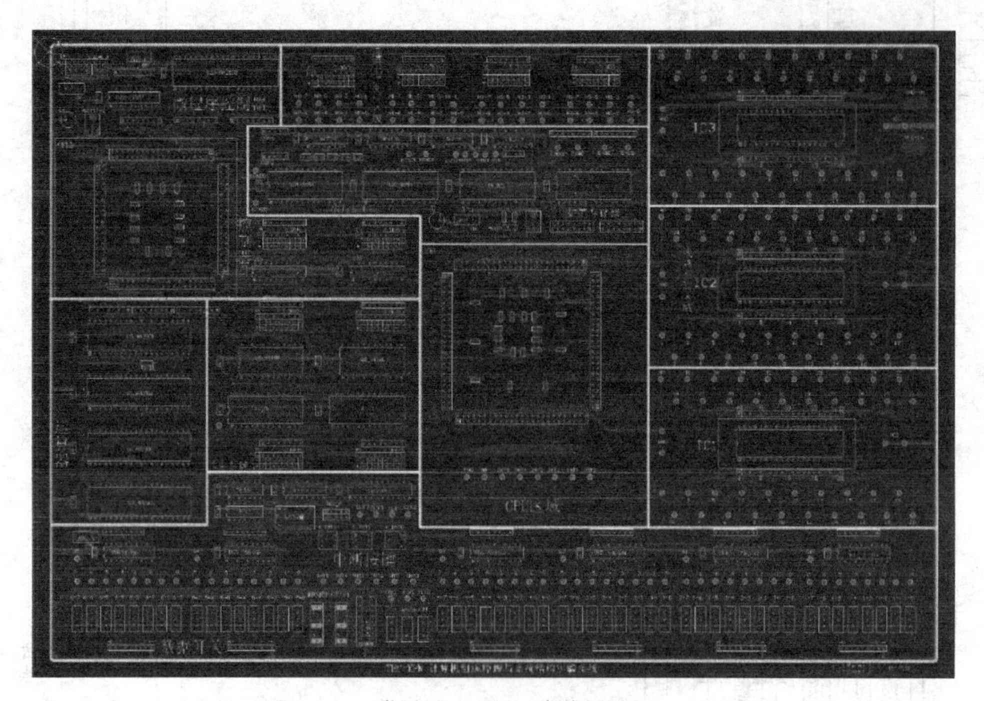

附图 D.3　PCB 布线图

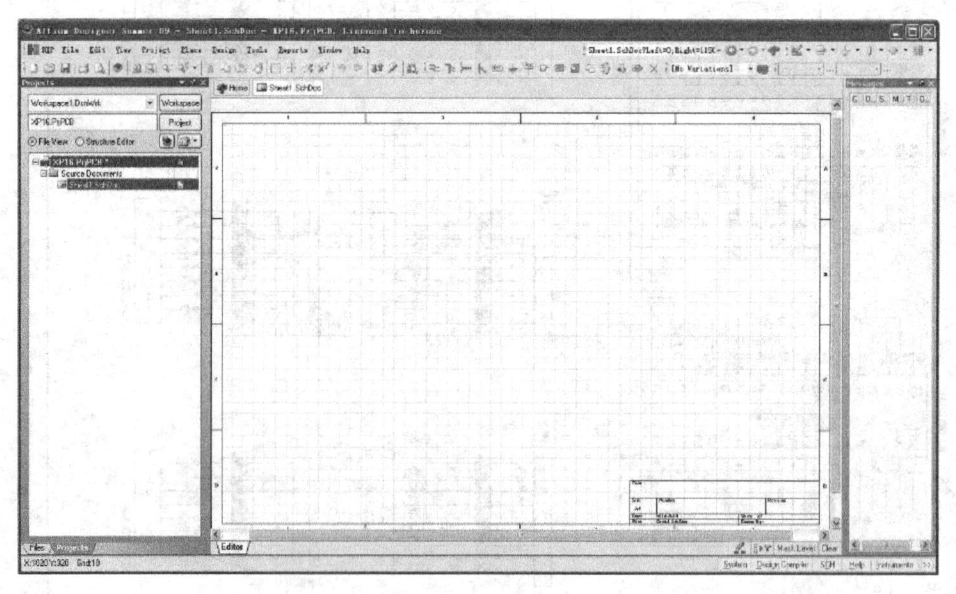

附图 D.4　创建新原理图

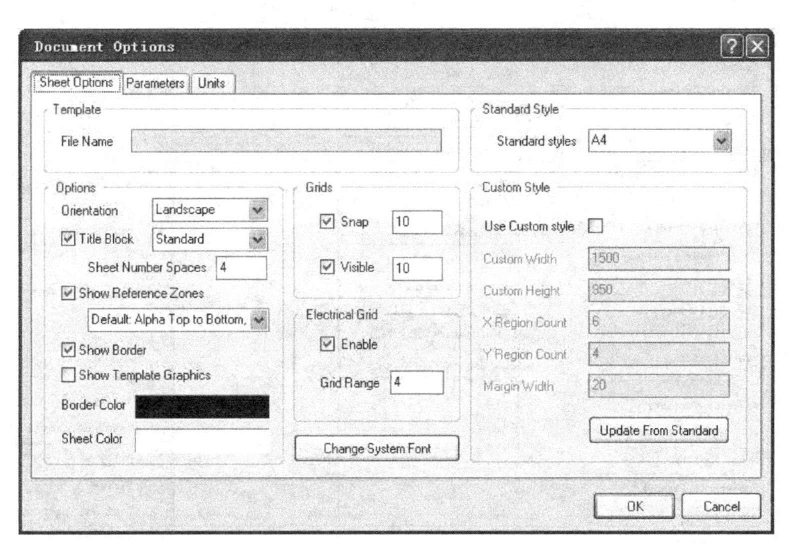

附图 D.5　原理图设置

在 Altium Designer 中不管是画原理图还是 PCB 图，熟练使用快捷键能够有助于更快地进行设计，可以通过使用快捷键(在菜单名中带下划线的字母)来激活任何菜单，如对应选择 View→Fit Document 菜单命令的快捷键就是 V+D，还有很多类似的快捷键，在实际操作过程中需要慢慢熟悉。

2) 库文件的建立与维护

现在可以开始绘制原理图了，首先是在原理图上放置元件，元件对应于实际的芯片、接插件等需要安装在电路板上的元器件。元件的种类可以说是不计其数，而且一种元件还分不同的型号、封装形式等种类，因此，在进行原理图设计之前，需要把要用到的元件做成一个元件库，元件库内的一个元件至少要包含以下信息，即元件名、原件型号、原理图符号以及 PCB 封装等信息，其他的非重要的信息可根据用户需要添加到元件的属性中。

AltiumDesigner 软件的元件库可以是一个集成库，把原理图库和 PCB 封装库组合为一体，也可以是分开来的原理图库和 PCB 封装库这样两个库，在 AltiumDesigner 软件中自带有很多库，允许在设计的过程中直接使用里面的元件，但是还有很多元件需要用户自己根据元件的说明画出其原理图和 PCB 封装。

(1) 原理图库。

下面简单介绍如何新建一个原理图库，并新建一个元件的原理图。

首先通过菜单栏 Project 菜单来新建一个原理图库，如附图 D.6 所示；在软件右下角单击菜单 SCH→SCH Library 命令，可以查看 SCH Library 面板，在此面板中可以浏览该原理图库内的元件，可以看到新建的库内已经有一个新建的元件，可以通过双击打开属性对话框修改名称等信息。

有了新建空的元件，此时可以使用菜单栏中的 Place 菜单内的各种绘图工具绘制出各种元件的逻辑符号，如附图 D.7 所示，建议参考软件已有的库内的各种元件的绘制比例或外形进行绘制，以达到比较满意的效果。

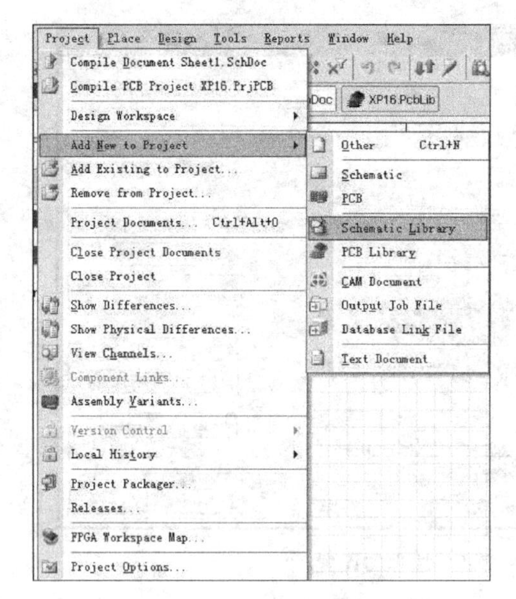

附图 D.6　新建原理图库

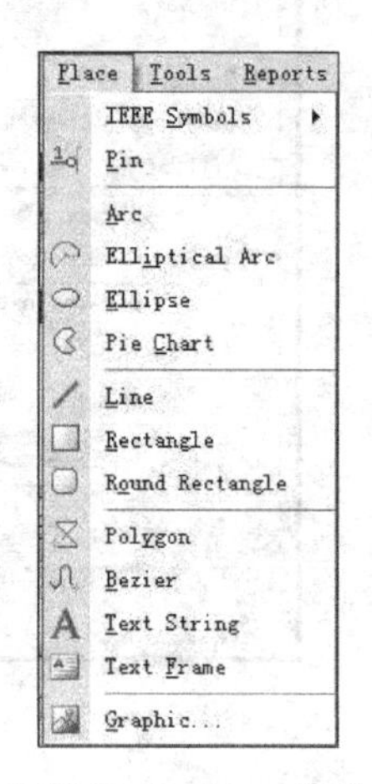

附图 D.7　Place 菜单

在元件的原理图绘制中,最重要的就是为该元件添加管脚,这些管脚对应于实际物理器件的管脚,这样才能在绘制原理图的时候具有电气连接点,是设计中有具体意义的连接标识。使用菜单 Place→Pin 命令调出管脚添加工具,此时通过按 Tab 键即可进入管脚属性对话框(一般情况下使用 Tab 键常用来打开相应操作的属性设置),从中设置管脚的编号、名称、长度、电气属性等参数后,管脚属性对话框如附图 D.8 所示。

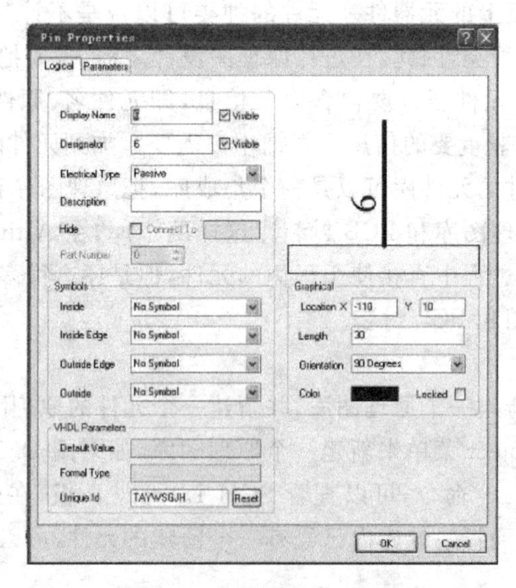

附图 D.8　管脚属性对话框

单击鼠标左键即可添加一个管脚(放置管脚时可按空格键改变管脚的放置方向),随后管脚的编号将自动累加,并且仍然在管脚添加命令状态,可再次通过 Tab 键设置下一个管脚的参数,如果要结束管脚添加可单击鼠标右键或按键盘上的 Esc 键。画原理图的元件时一定要参照实际器件的说明书，画出相应的管脚，标明电气特性，不过管脚的位置可以根据需要放在合适的地方，附图D.9即为实验系统的原理图库中Am2901的元件原理图。

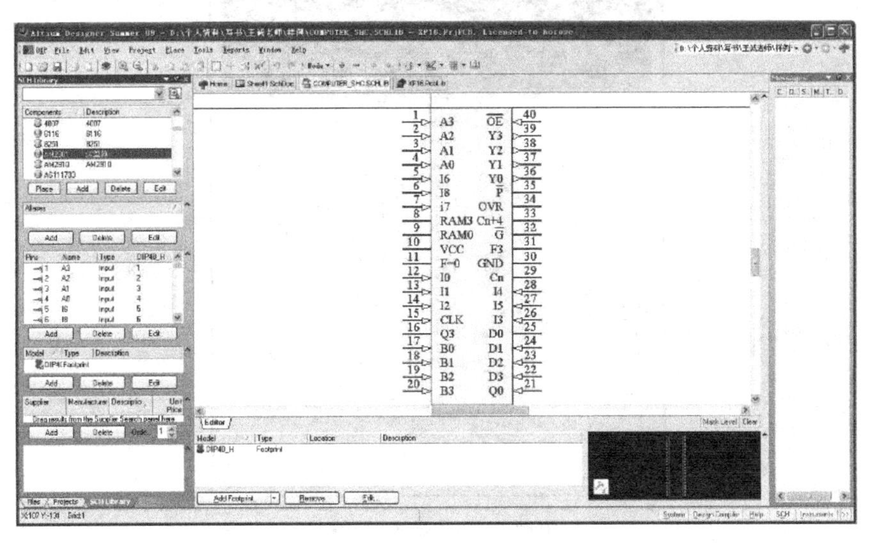

附图D.9　Am2901元件原理图

(2) PCB封装库。

对于每一个原理图元件都需要有其对应的PCB封装，PCB封装是实际物理元件被焊接在PCB板上的对应器件焊盘封装，在附图D.9中可以看到Am2901的PCB封装是DIP40_H，对于没有指定PCB封装的元件可以从现成的PCB封装库里选择合适的封装，也可以自己根据芯片的说明画出封装。下面简单介绍该如何画PCB封装。

首先需要新建一个PCB封装库，并新建一个空的PCB封装，可通过双击新建的空元件对其重新命名，之后就可以开始设计PCB封装了，最重要的就是放置元件的焊盘，一般的器件说明书中都会有详细的PCB封装的尺寸，尤其是焊盘以及通孔的尺寸，如果出现错误，器件可能安装不到电路板上，因此要严格按照说明书的内容画出焊盘并确认焊盘之间的间距，最好能够按照1∶1比例打印出来，使用实际器件放置试一下以确认封装没有问题，如果生产完电路板再试，万一出问题就很难更改了。

对于通孔焊盘，在焊盘属性对话框内一般需要设置过孔的大小、焊盘形状、连接的层、焊盘编号等参数，如附图D.10所示，尤其是焊盘编号与元件实际管脚号要一致，因为原理图上画的管脚连接都会对应到这些焊盘上。

对于贴片焊盘在焊盘对话框中，在设置的时候需将焊盘放置的层(Layers)选择成顶层(即Top Layer)，其他的焊盘形状、大小等参数按照器件封装说明设置即可。

有了元件的所有焊盘，就需要绘制器件的封装丝印，一般是指器件的外轮廓，绘制在Top Overlay(顶层丝印层)上，标明器件所占电路板的空间，以及正负极性等信息。使用菜单栏中的Place菜单内的各种绘图工具可绘制元件的各种形状，一般只需参照元件的封装信息形象地绘制出一个外形的占位符就能满足丝印需求了。另外，绘图工具的作用不仅仅只是用来绘制丝印，如果是在焊盘层还可以用来做异形焊盘的填充，因此绘图工具在每一层都有效，不过根据层的不同其绘制出来的图形作用就不一样。

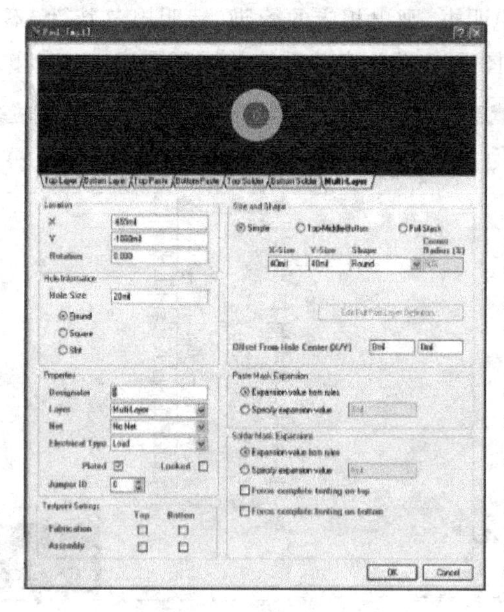

附图 D.10　焊盘对话框

附图 D.11 所示为 Am2901 的 PCB 封装图。

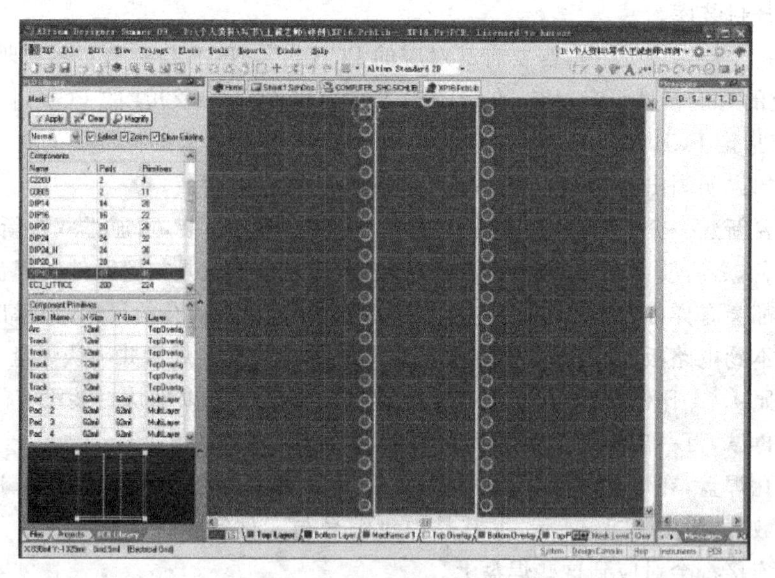

附图 D.11　Am2901 PCB 封装

对于画好的 PCB 封装该如何将其与原理图对应起来呢？可以直接在原理图库中的元件中，选择 Add Footprint 来选择对应的 PCB 封装，也可以在以后的原理图绘制时再指定元件的 PCB 封装。

3) 原理图绘制

在有了原理图库之后，就可以在原理图中调用这些库里的元件绘制原理图了，首先需要装载库，才能使用库里的元件，在库对话框中可以加载和卸载库，如附图 D.12 所示。

单击 Add Library 按钮可以加载库，如果要卸载不用的库可以选择库，然后单击右下角

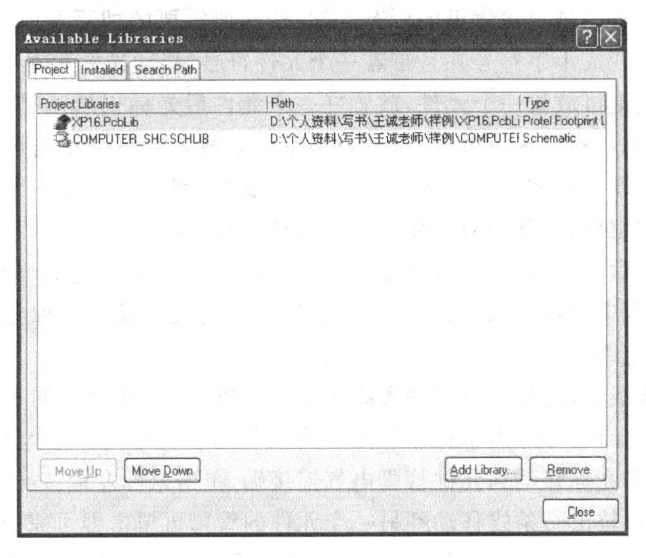

附图 D.12　库对话框

的 Remove 按钮，不过这里的 Remove 按钮不会将库从系统中删除，当需要再次使用时可再重新装载。

在原理图中放置元件有很多种方式，一般可使用 Libraries 面板、Place 菜单、快捷方式 3 种方法，用户可根据个人喜好去灵活运用。如采用 Place 菜单，可以找到浏览库对话框，如附图 D.13 所示。

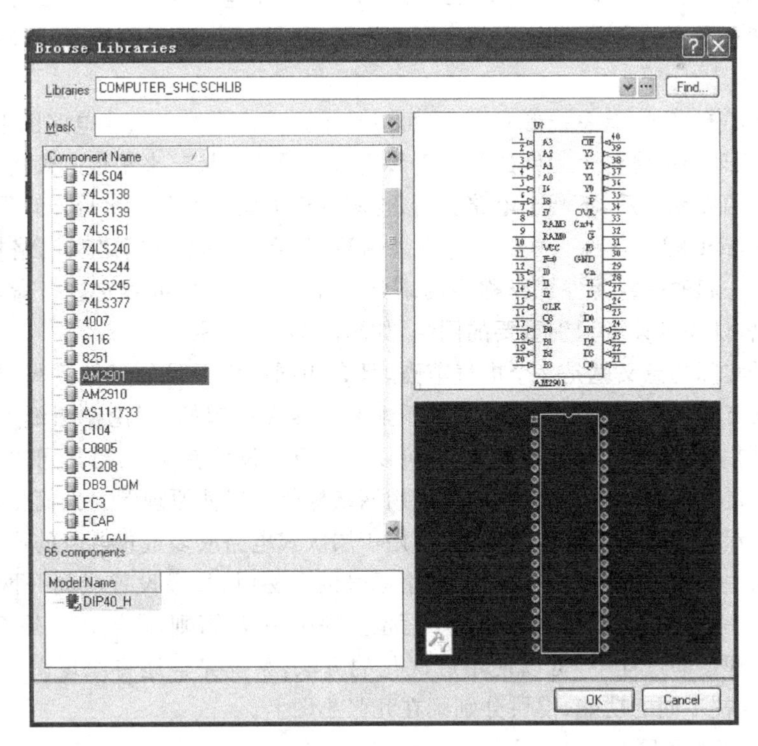

附图 D.13　浏览库对话框

在该对话框中可以浏览该库里的所有元件，选择所需要的即可开始在元件图中放置元件。此时光标符将变成十字符号并且带着一个元件符号，移动光标元件也跟随其移动，在指定位置单击鼠标左键可放置一个元件，放置好一个元件后光标仍然还是呈十字形状并带着一个元件符号，表示还可以进行放置，当用户希望结束放置时只需单击鼠标右键即可结束。在此过程中可以使用Tab键来修改该元件的属性，比如标号已经PCB封装等。在放置元件时按每一下键盘的空格键，其相应的元件将会自动逆时针旋转90°。

元件放置好之后，首先要将电源和地连接好，通过工具栏可为电路图放置一个相应的电气符号，在设计过程中，需要注意的是严禁将电源和接地设置成同一种电气节点，这样会造成短路，严重损坏电路。

下面就需要连线了，通过工具栏的布线快捷图标或Place菜单下的相应菜单，可以为电路的元件绘制各种导线，导线用于在原理图上为元件的管脚之间建立电气连接。画线时光标会变成十字形，将光标移动到元件管脚电气连接端，单击鼠标左键该导线即与元件管脚连接上，再拖动光标将拉出一条线移动到另一个元件的管脚再单击即可完成一条导线的绘制；在绘制过程中如导线需要转弯时可在拉出一条线时再单击鼠标左键即可确定一段导线，然后改变光标的拖动方向即可绘制出一条折角的导线，当需要结束绘制导线时可单击鼠标右键或按Esc键。

一般情况下，导线的起点和终点一定要落在电气点上，也就是出现红色交叉点的位置才有效；否则不能形成电气连接，给PCB设计带来麻烦。当出现需要直接连接到导线时，默认情况下，当连线为T形连接时，系统会自动放置一个节点在连接处，但是当两根导线十字交叉时，系统会默认两根导线不相连，如果需要两根导线连接到一块，需要手动放置节点(Junction)，通过节点的所有连接线都是互相连通的，但是如果没有节点，即使交叉的线也是不连通的。

导线的种类有多种，有总线形式的，也可以是单独的信号线。随着电路图上的元件数量越来越多，在原理图中将各个元件的外围管脚直接用导线连接起来是很麻烦的，而且不容易看清电路图上的连线关系，不利于电路分析，也不利于电路图的分层次分原理图设计。此时使用网络标号(net labels)是一种好的选择。请注意，在软件中有网络和网络标号的概念，把彼此连接在一起的一组元件管脚称为网络(net)，对于网络也可对它进行命名，这就是网络标号，方便软件和设计者识别重要的网络，如附图D.14所示。

网络标号实际的意义就是一个电气节点，具有相同网络标号的元件管脚、导线、电源及接地符号等具有电气意义的图件在电气关系上是连接在一起的，不论在图纸上是否连在一起，都被视为同一条导线。有了网络标号，可以大大方便设计者画图，首先可以简化原理图，在连线过远或过于复杂导致交叉过多时，使用网络标号可以使原理图大大简化；其次在总线连接时可以表示各导线间的连接关系；还有用于层次式电路或多重式电路的连接，用网络标号来表示电路中各模块间的连接。设置网络标号的名称时，如果设置成同一网络的网络标号，其名称应该完全相同，包括字母的大小写也要完全一样；否则，将被认为是不同的网络。

在绘制原理图的过程中，可以使用层次化的方法，系统完整地将原理图分成几部分来画，把整个电路按不同的功能、模块分别画在几张小图上。

4) 原理图审查和网表

在绘制原理图的时候，软件有助于进行电气规则检查，称作ERC(Electrical Rule

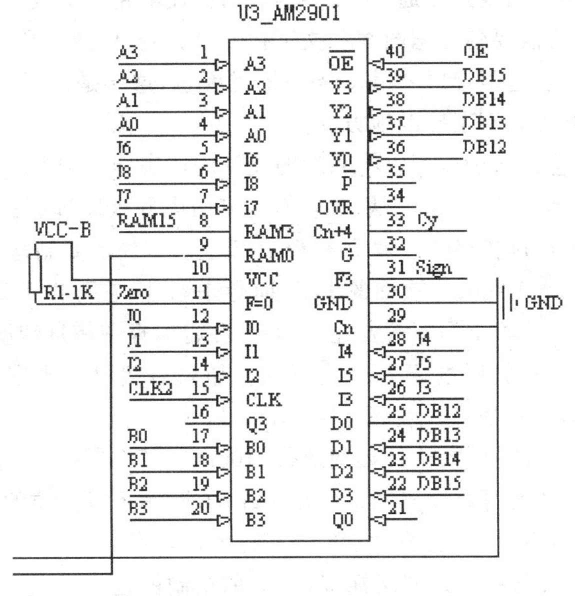

附图 D.14　网络标号

Check)，能够将电路中不合理的电路冲突报告给用户，并在原理图中将错误地方加以标记，以便检查修改。ERC 能够检查出的错误主要有几下几种：管脚连接错误，如输出脚与输出脚对接；网络标号、必要管脚的漏接，造成断路；重复的元件编号导致系统无法辨认不同的元器件。

ERC 通过之后，可以生成原理图的网表(Netlist)，软件会自动将原理图的网络关系进行计算，并在项目中新建一个 *.NET 文件，将结果保存其中。网表是原理图的精准描述，描述了原理图中各元件管脚等电气点相互连接的关系。网表包含两部分信息，即元件信息和连线信息，是原理图和 PCB 相连接的桥梁，为 PCB 绘制提供了元件信息和线路连接关系，同时也为仿真提供必要的信息；再者原理图的网表可以与 PCB 图生成的网表进行比较，以核对两者是否正确对应。

5) PCB 设计

(1) 层。

在开始设计 PCB 时，首先要考虑 PCB 尺寸大小。尺寸过大时，走线过长，阻抗增加，抗噪声能力下降，成本也增加；过小，则散热不好，且邻近走线易受干扰。在确定 PCB 尺寸后，再确定主要元件的位置，最后根据电路的功能单元，对电路的全部元器件进行布局，布局完成后再进行布线。对于尺寸大于 200mm×150mm 的 PCB 板，应考虑电路板所受的机械强度，尽量使用板厚较大的板材。

首先来认识一下 PCB 板，一般来说电路板的层数是指电路板的铜箔层数，单层板是指只有一面铜箔，而两层电路板有上下两层铜箔，还有多层板，在板的中间还有夹层铜箔，通常层数都是偶数，并且包含最外侧的两层。一般情况下，顶层(Top layer)主要用于安装器件，中间层用于布线和铺铜，底层(Bottom Layer)主要用于安装辅助性器件和布线。为连通各层之间的线路，在各层需要连通的导线交汇处钻一个公共孔，这就是过孔，在过孔的孔壁圆柱面上镀一层金属，用以连通中间各层需要连通的铜箔，而过孔的上下两面做成普通的焊盘形状,可直接与上下两面的线路相通,也可不连。为方便电路的安装和维修等,在PCB的上下两表面可以印制上所需要的标志图案和文字代号等,如器件型号和标称值、形状等。PCB上的绿色或是其他颜色,是阻焊层(Solder mask)的颜色,这层是绝缘的防护层,可以保护铜线,也可以防止零件被焊到不正确的地方。

原理图设计好并检查通过后可以将原理图设计的网表导入到PCB文件,既可以直接从原理图编辑界面传送到PCB,也可以从PCB编辑界面中导入原理图的元件及网表,完成之后可以看到器件的PCB封装都已经被导入PCB板上。首先需要新建一个空白PCB文件,这一步可以通过AltiumDesigner软件的PCB向导来新建,它可以帮助完成选择设计标准和创建自定义的板子尺寸等工作。需要注意的是,在将原理图信息转换到新的空白PCB之前,确认与原理图和PCB关联的所有库均可用。如果后期对原理图有修改,则可以使用Update PCB命令将原理图信息转换到目标PCB。

AltiumDesigner软件一般默认是英制单位,100mil=2.54mm,很多器件的管脚间距就是100mil。在PCB绘图区可以设置网格(Snap grid),表示可以定位的点,放置在PCB上的所有对象均放置在这些点上,布线的时候也是按照该网格设置。

在PCB编辑区的底部有一系列层标签,PCB的绘制就是在各个层上进行。使用Board Layers对话框可以显示、添加、删除、重命名及设置层的颜色,如附图D.15所示。

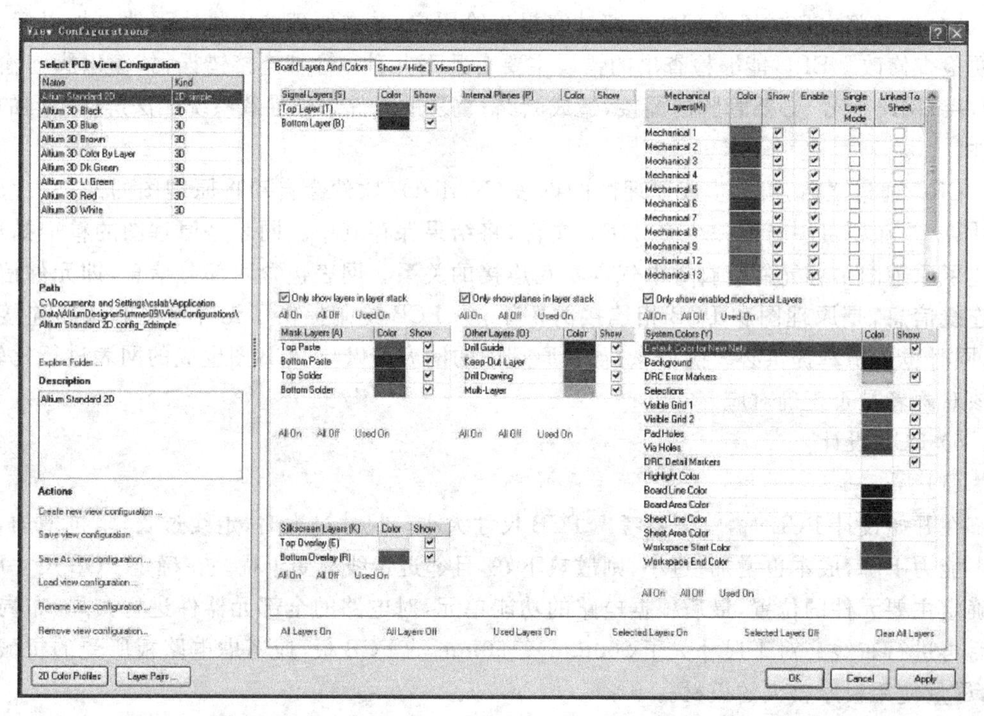

附图D.15 Board Layers对话框

共有3种类型的层。

- 电气层。包括32个信号层和16个平面层,这都是实际的铜箔层,用来布线,电气层在设计中添加或移除是在层管理器中。
- 机械层。有16个用途的机械层,用来定义板轮廓、放置厚度,包括制造说明或其他设计需要的机械说明。

- 特殊层。包括顶层和底层丝印层、阻焊和助焊层、钻孔层、禁止布线层(用于定义电气边界)、多层(用于多层焊盘和过孔)、连接层、DRC错误层、栅格层和孔层。

(2) 确定设计规则。

在绘制PCB时,需要指定PCB的规则,如布线的宽度、间距、过孔大小等,这些都是PCB生产中的要求,比如太细的布线可能没有厂家能够生产出来或者生产成本非常高。因此需要在设计的过程中指定设计规则(Rules),有了规则之后,AltiumDesigner软件将一直监视每一个操作(放置导线、移动元件等)并检查设计是否满足规则,当出现不符合规则的时候会实时显示出来。软件的设计规则分为10个类别,每个类别的下面还细分为不同的条目,覆盖了电气、布线、制造、放置、信号等PCB设计的各方面要求,如附图D.16所示。

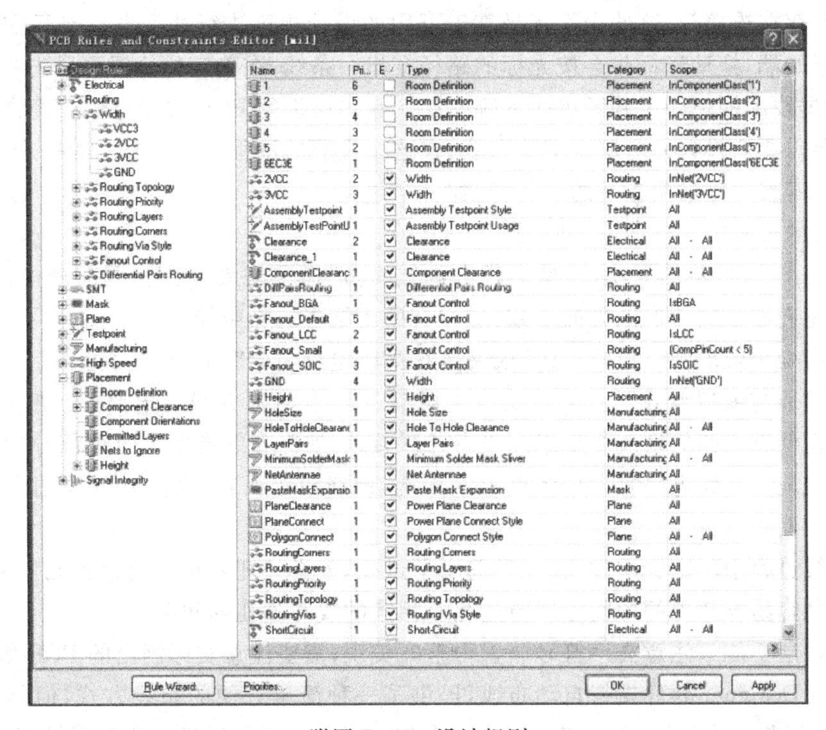

附图D.16 设计规则

同时软件还可以定义同类型的多重规则,并可以指定目标对象,每一个规则只针对相应的目标对象有效,使用预定义等级来决定将哪个规则应用到哪个对象上。例如,可能需要有一个对整个板的宽度约束规则(即所有的导线都必须是这个宽度),而对接地网络需要另一个宽度约束规则(这个规则忽略前一个规则),在接地网络上的特殊连接却需要第三个宽度约束规则(这个规则忽略前两个规则),规则依优先权顺序显示。

(3) 布局布线。

下面就需要将这些元件放置到PCB的不同位置上,以方便以后的布线,这一步就是布局。布局需要按照电路的连接情况安排各个功能电路模块的位置,使器件的摆放便于信号传输,并使信号尽可能保持一致的方向。在布局过程中,可以以每个功能电路的核心元件为中心,围绕它来进行布局,器件应均匀、整齐、紧凑地排列在PCB上。尽量减少和缩短各元器件之间的引线和连接。AltiumDesigner软件本身具有自动布局功能,对于较简单的电路来说还是很方便的,但是对于较复杂的电路来说,该功能并不能很好地满足设计者的需要,需要进行手工布局或者调整。

用鼠标拖动相应的元件即可放到想要的位置,在拖动过程中,可以看到连接的飞线随着元件的移动而变化,这样有助于更好地确定元件的最佳位置,同时使用空格键可以将元件旋转90°。元件的文字可以用同样的方式来重新定位,对于在PCB上不需要显示的元件值等可以将其隐藏。

下面就可以开始布线了,布线是在板上通过走线和过孔以铜箔来连接元件的过程。推荐使用交互式布线(Interactive Routin)来进行布线,它可以以一个更直观的方式,提供最大限度的布线效率和灵活性,包括放置导线时的光标导航、接点的单击走线、推挤或绕开障碍、自动跟踪已存在连接等,这些操作都是基于可用的设计规则进行的。设计者只需要单击布线网络的起始端,拖动光标将会按光标的路径布出一条线,在确定的位置再单击一次即可完成布线,根据线的颜色即可判断出线在哪一层。在多层板的PCB布线过程中经常会有一些线从当前层需要切换到另一层再继续布线,在这个换层的过程中就需要添加一个过孔,可按小键盘的+键或-键切换布线的层,并添加一个过孔。

在布线的过程中应遵循以下原则。

- 根据PCB电流的大小,尽量加粗电源线宽度,减少环路电阻。同时使电源线、地线的走向和数据传递的方向一致,这样有助于增强抗噪声能力。
- 拐弯处一般取圆弧形,而直角或夹角在高频电路中会影响电气性能。
- 数字地与模拟地分开。若线路板上既有逻辑电路又有线性电路,应使它们尽量分开。低频电路的地应尽量采用单点并联接地,实际布线有困难时可部分串联后再并联接地。高频电路宜采用多点串联接地,地线应短而粗,高频元件周围尽量用栅格状大面积地箔。
- 布线过程中尽量少用过孔,一旦选用了过孔,务必处理好它与周边各元件的间隙,特别是容易被忽视的中间各层与过孔不相连的线与过孔的间隙。
- 丝印层不能只注意文字符号放置得整齐美观,需要注意实际制出的PCB效果。

Altium Designer软件支持自动布线,提供了一种简单方便的布线方式,但是对于一些要求较高的复杂电路,还需要手工布线。在布线的过程中还可以检查原理图是否有错误。

完成了PCB布线之后,为了验证所布线的电路板是符合设计规则的,现在要运行设计规则检查DRC(Design Rule Check),这一步非常重要,有助于检查PCB设计是否有错,错误会被列出来,同时PCB板上相应的位置也会显示出来,只需要根据错误一一加以修正即可。

3. 加工焊接

PCB设计完成之后,可以按层等比例打印出来,人工检查一下丝印等是否合适美观,然后就需要提供给生产厂家进行生产了。一般PCB厂家可以直接按照提供的PCB文件进行生产,或者可以生成Gerber及数控钻孔文件提供给厂家供他们生产。在此时可以选择板厚、阻焊颜色(一般有绿、蓝、红、黑等)、有铅还是无铅、铜箔厚度等,可以根据自己的需要选择,如果PCB较大,建议选择板厚一些的,减少板子变形。一般PCB厂家都会对电路板进行飞针测试,保证电路板生产正确。

PCB板生成之后，就可以去焊接生产了，焊接厂一般需要一个材料清单，通常称为BOM清单，使用Altium Designer软件可以生成BOM清单，与器件材料一起提供给焊接厂即可，如果贴片器件较多，焊接厂一般还要求或者会自己生产钢网协助焊接。

当电路板焊接之后，需要对电路板进行简单的测试。首先要测量电源的阻抗是否正确、有没有短路、晶振是否有信号，然后就可以按照电路功能需要作进一步调试和测试了。

这里只能简单介绍使用Altium Designer软件进行PCB设计用到的一些基础知识，还有更多的功能没有介绍，设计者需要不断地练习使用才能掌握其使用方法，不断地累积经验才能掌握具体设计的技巧，才有可能设计、制作出更加完美的电路板产品。

附录 E VHDL语言入门性知识和FPGA-CPU设计简介

VHDL 语言比 ABEL 语言的层次高，描述功能更为强大，程序结构、语句组成、使用规则较为复杂，使用难度也明显大于 ABEL 语言。

描述 FPGA-CPU 系统的 VHDL 语言的程序由 4 个模块组成，包括顶层模块 CPU 及其下一层的运算器模块 ALU、控制器模块 controller、存储器和串口的连接模块 Interface。顶层模块的 CPU 的主要作用是把 4 个模块组合成一个统一的工程文件，并提供 CPU 的输入输出信号；3 个下层模块分别对应运算器、控制器和总线连接逻辑。

每个 VHDL 程序模块描述一个部件的组成和功能，通常都由库程序说明、实体 entity 和结构体 architecture 等 3 部分组成。在库程序说明部分，指出程序中用到的 VHDL 语言的程序库，在设计中只要照抄常用的几个语句即可。entity 部分用于给出这个部件的输入和输出信号的属性、数据类型等信息，解决不同部件之间的联系与信息传递要求。architecture 用于描述部件的结构和行为，即这个部件的电路组成与功能。这三者合在一起就把一个部件的整体特征描述得准确、清晰。

在 VHDL 语言中凡是可以赋予一个值的对象就称为客体(Object)。客体主要包括信号、常数、变量(Signal、Constant、Variable)。常数和变量与通常用到的比较接近，而信号则是一个比较新的概念。信号是电子线路内部硬件连接的抽象，需要说明它的属性(输入还是输出，或者既用于输入又用于输出)和数据类型。

VHDL 语句分并行(Concurrent)语句和顺序(Sequential)语句两类。

并行语句总是处于进程(Process)的外部，包括完成为信号或变量赋值的语句，实现多选一个功能的 when-else 语句，和完成条件赋值的 with-select-when 等语句。并行语句都是同时执行的，与它们在程序中书写的先后次序无关。处在结构体中的进程语句与其他并行语句处于同等地位，但它是通过出现在它的参数表中的敏感信号的值发生变化才进入执行过程的，而与它在程序语句中的排列位置无关。

顺序语句总是处于进程的内部，包括完成为信号或变量赋值的语句，完成二选一功能的 if-then-else 语句和多选一功能的 case-when 语句，它们在进程内是顺序执行的。

部件(Component)声明是对 VHDL 模块的说明，使之可在其他模块中被调用，部件要在设计的结构体中声明和例化，部件例化用于指出在部件调用时的参数对应情况。

在下层的模块 ALU 中，在 entity 部分通过 port 语句说明了运算器部件的输入输出信号,通过 in、out 或 inout 来说明每个信号的属性,用 std_logic 或 std_logic_vector 来说明信号的数据类型和位数。请检查这里的信号与图 7.1 和图 7.2 中给出的数据和控制信号看是否一致,前面讲述的、图中展现的内容是如何用 VHDL 语句来更加简明、严谨地表述。

在 architecture 部分,首先定义了本模块内部使用的若干局部信号,包括由 16 个 16 位长度的通用寄存器(含堆栈指针 SP)组成的寄存器组 REGs。出现在语句 begin 之后的是运算器模块中的执行语句,包括信号赋值语句(赋值符是＜＝)、实现多选一功能的 with 语句以及控制寄存器接收输入的 process 语句 3 种类型。请注意,直接出现在结构体中的各个语句是同时执行的,与书写的先后顺序无关,被称为并行语句,对应计算机硬件中的多个电路可以同时运行的特性。一个 process 语句可以由多个语句构成,在一个 process 语句内部的语句则是按照书写的先后顺序依次执行,这些语句被称为串行语句,主要是 if then-else 语句。通常 process 语句要使用敏感信号,仅当它的敏感信号的值发生变化时才能引起这个 process 语句进入执行过程。

运算器的主要功能是完成数据和存储器地址的计算,暂存用于算术与逻辑运算的数据以及运算产生的中间结果,分别由 ALU 和 Regs 线路承担。

粗略看一下这个模块的 VHDL 程序,对比一下会发现运算器中的多路选择器都是用 with 语句描述的,寄存器的接收都是用 process 语句描述的,而且用到的数据和控制信号、数据信息传送和控制关系一目了然。正确使用 with 语句的关键是用一个 when others 子语句覆盖选择条件的全部可能的编码。请注意,ALU 运行的功能选择也是用 with 语句描述的,事先的功能很容易看懂。正确使用 process 语句的关键是要给出引起该语句运行的敏感信号,如时钟信号 clock 以及数据接收的条件和准确时刻。

在下层的模块 controller 中,在 Entity 部分通过 port 语句说明了控制器部件的输入输出信号,结合程序中的注释,对比图 7.1 和图 7.2 中的内容就容易理解。在 Architecture 部分,首先说明了在控制器部件内部使用的一批信号,包括程序计数器 PC 和指令寄存器 IR。在 begin 之后的执行语句,包括描述多路数据选择的 with 语句。描述寄存器接收控制的 process 语句。这两类语句与在运算器模块中的使用方法相同,无须多说。关键部分是描述节拍发生器 timing 的结构和行为的 process 语句,描述控制信号产生线路单元 CU 的结构和行为的 process 语句,需要进行更为具体的讲解。

节拍发生器 timing 是非常典型的时序逻辑电路,以有限状态自动机的方式运行,可以用状态转换图表示状态(节拍)的转换关系,如图 7.3 所示。这里需要用 process 语句,并把系统总清 reset 信号和时钟脉冲 clock 信号用作为它的敏感信号。reset 信号使计算机进入启动之前的准备状态,使 timing 取 100 编码的初始状态。clock 信号的状态变化将启动 timing 的运行过程,并在时钟脉冲的上升沿完成一次状态转换。状态转换的顺序用 process 内部的 case 语句描述。但在执行周期则需要依据指令类型来决定是转回取指周期还是转到内存读写周期,内存读写周期结束后必定转回取指周期,与图 7.3 和表 7.1 中所表示的完全相同。

控制信号产生线路 contrl_signals 是组合逻辑电路,用一个 process 语句描述。这个线路的功能是产生并向各个部件提供的控制信号,这是控制器设计的重点部分。控制器产生控制信号的基本依据是当前的指令和指令执行所处的步骤,为此在设计中,使用两层的 case 语句来识别并处理这两部分内容,用外层的 case 语句来识别指令执行步骤,再在每一步骤内用内层的 case 语句来识别当前执行的是哪一条指令,则 CU 控制单元可以给出每个被控制对象此时刻需要用到的控制信号。选用这种处理方案的优点是条理清晰,概念准确,易于理解。这里用到 process 内部语句顺序执行的特性,在 process 语句开始时首先向大部分的控制信号赋一个初值,之后在给出一条指令的一个执行步骤的控制信号时,只需写出那些与其初值不同的控制信号的当前值即可。这只是一个小技巧,却有效地压缩了程序规模。程序中比较详尽的注释有利于读者看懂这段程序并尽早开展自己的设计工作。

附录F 教学计算机指令级的软件模拟系统

教学计算机指令级软件模拟系统，是使用PC的硬、软件资源设计实现的一个软件程序，并在PC系统中运行，其功能是以软件方式模拟实现TEC-XP-Ⅱ实验计算机的每一条指令的功能，并在运行操作方式和屏幕界面内容等外特性方面与实际运行教学计算机系统保持一致，主要用于学习教学计算机的指令系统和汇编语言程序设计知识，还可以运行解释执行的BASIC语言程序。

1. 指令模拟的概念和在教学中的作用

计算机指令是程序员使用计算机硬件的基本命令，也是计算机本身运行的最小功能单位。CPU能执行的指令的集合构成该计算机的指令系统。

指令系统规定了CPU能够完成的所有操作和计算机的硬件构成，它直接影响到计算机的性能，也决定了底层的硬件结构。指令系统被认为是计算机硬件和软件的接口，硬件系统用于实现每一条指令的功能，以便能够运行计算机程序，软件程序则是间接或直接地使用计算机指令设计出来的，控制计算机硬件完成用户预期的处理功能。

学习计算机指令系统，首先需要掌握确定指令操作码的原则和方法，其次，还需要掌握各种寻址方式的功能以及寻址过程。

实验是学习和掌握指令系统的重要手段。设计汇编语言程序并以不同方式运行，通过指示灯观察、记录各种显示信息，可以更具体地了解指令的功能、寻址方式的实现方法，建立对指令功能和寻址方式的感性认识，实验需要在教学计算机系统上完成，学生只能按规定时间到实验室才能进行实验。若改用指令级的软件模拟系统来完成上述实验，学生就能够在自己的笔记本电脑完成，时间安排上更机动灵活一些。

要启动并运行指令级模拟软件，就到PC系统中找到模拟软件所在的目录，运行Tec2ksim.exe程序，屏幕上将显示模拟器程序的主界面，如附图F.1所示。

其功能选择界面如附图F.2所示。

[16]：选择16位计算机。

[8]：选择8位计算机。

[■]：启动监控程序(16或8位)。

[📂]：导入程序。

[▶]：运行代码。

[■]：停止。

附图 F.1　指令与系统级的模拟系统的主界面

附图 F.2　指令与系统级的模拟系统的功能选择界面

：发送文件。

：接收文件。

：帮助文件。

在主菜单上选择 和 ，是启动16位教学机的监控程序，将出现如附图 F.3 所示界面。

附图 F.3　16位教学计算机的运行界面

这之后就可以通过监控命令控制软件模拟系统的运行过程，和直接操作硬件教学计算机系统几乎是一样的。

可以用、这两个按钮把机器语言程序(.cod 类型的二进制代码)写入到磁盘，把磁盘中已有的.cod 程序文件装入模拟系统。用按钮可以把 BASIC 语言的解释程序调入模拟系统，使系统进入 BASIC 语言程序的运行环境，如附图 F.4 所示。

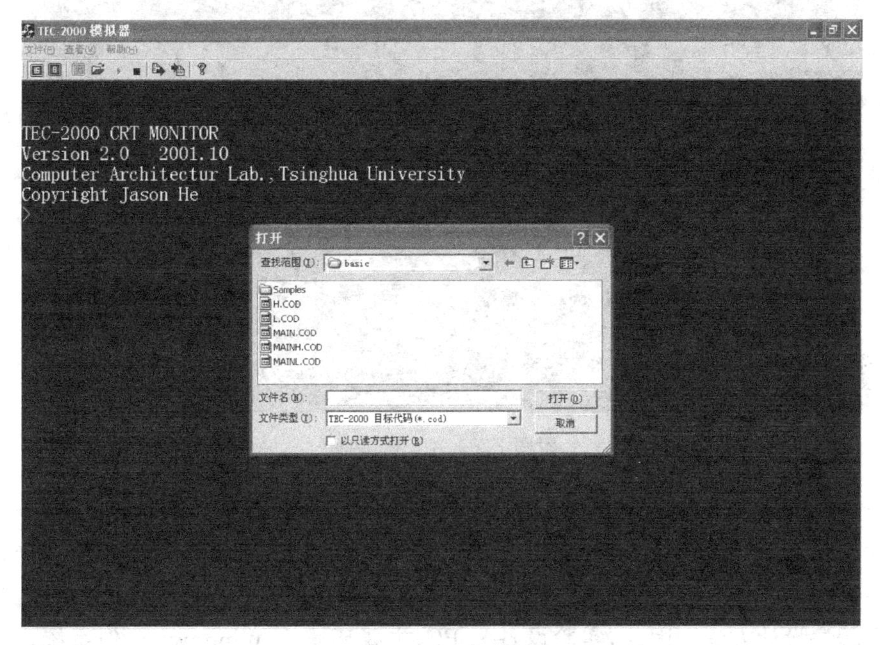

附图 F.4　装载程序界面

(1) 需要导入 BASIC 的 COD 文件，选择 MAIN.COD，如附图 F.4 所示。

装载程序成功则显示如附图 F.5 所示界面。

(2) 运行 BASIC 程序(G0A30)。

进入 BASIC 的程序界面(见附图 F.6)，可以输入 BASIC 的命令或输入以下程序：

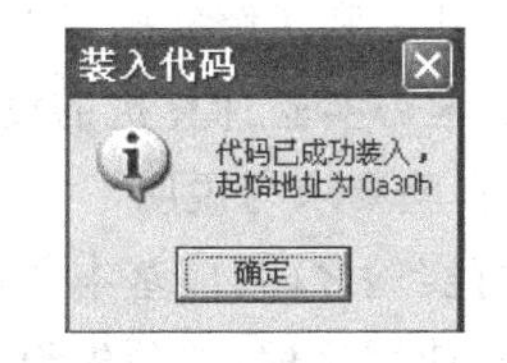

附图 F.5　代码装载成功提示

```
10  FOR I=1 TO 10
20  PRINT I,SIN(I)
30  NEXT I
40  END
```

接下来可以用 LIST 命令查看输入的程序，用 RUN 命令运行，用 SYSTEM 命令退出 BASIC 等。

在 BASIC 的运行环境下，还可以用按钮把磁盘中的.tba 类型的 BASIC 程序装入到模拟系统并运行。

2. 使用模拟软件的汇编语言程序设计实验

在教学计算机软件模拟系统中进行的运行监控程序和程序设计方面的教学实验，需要在前面提到的实验环境中完成。下面将说明这些实验的有关内容。

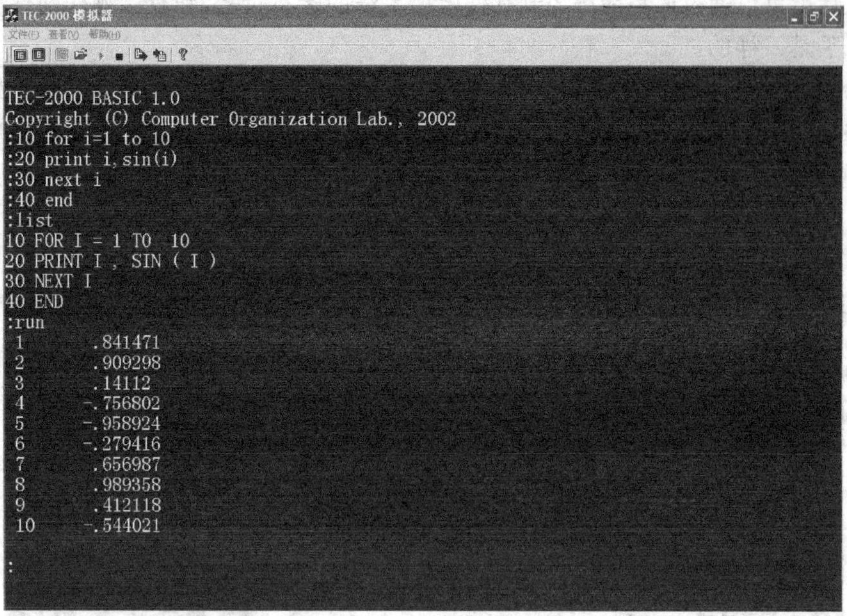

```
TEC-2000 模拟器
文件(F) 查看(V) 帮助(H)

TEC-2000 BASIC 1.0
Copyright (C) Computer Organization Lab., 2002
:10 for i=1 to 10
:20 print i,sin(i)
:30 next i
:40 end
:list
10 FOR I = 1 TO 10
20 PRINT I , SIN ( I )
30 NEXT I
40 END
:run
 1       .841471
 2       .909298
 3       .14112
 4      -.756802
 5      -.958924
 6      -.279416
 7       .656987
 8       .989358
 9       .412118
 10     -.544021

:
```

附图 F.6　BASIC 界面

1) 实验设备和环境要求

本实验的主要内容是在PC上使用教学计算机的模拟软件,模拟监控程序的运行过程。在监控程序控制下,设计并运行一些简短的汇编语言程序,了解TEC-2000教学计算机的指令系统和程序设计方法。因此,实验设备为PC,主要环境为Windows操作系统,安装了教学计算机指令与系统级模拟软件。

2) 实验目的

(1) 学习和了解实验计算机监控命令的用法。

(2) 学习和了解实验计算机的指令系统。

(3) 学习实验计算机的简单汇编程序设计。

3) 实验要求与说明

进行实验之前,应基本了解实验计算机的指令系统和每条指令的功能,熟悉程序设计软件的基本使用流程,并预先设计好需要进行实验操作的汇编语言程序。

4) 实验步骤

(1) 安装软件模拟系统。

(2) 启动软件模拟系统,调出程序的主界面。

(3) 选择"16位机"系统,启动监控程序。

(4) 输入并执行各监控命令,操作步骤和方法与运行硬件教学计算机系统非常类似。

(5) 在监控程序运行界面,使用监控程序的R命令显示/修改寄存器内容、D命令显示存储器内容、E命令修改存储器内容。

(6) 使用A命令输入并汇编以下几个汇编程序的例子,用U命令反汇编刚输入的程序,用G命令连续运行该程序,用T、P命令单指令运行并观察其执行情况。

(7) 自行设计几个汇编语言程序,使用多种寻址方式,仔细体会这些寻址方式的指令格式，并思考如何在硬件上实现这些指令的功能。

例 F.1 设计一个程序，在屏幕上输出显示字符'6'。

```
A 2000                        ;地址从十六进制的 2000(内存 RAM 区的起始地址)开始
2000: MVRD  R0,0036           ;把字符'6'的 ASCII 码送入 R0
2002: OUT  80                 ;在屏幕上输出显示字符'6',80 为串行接口地址
2003: RET                     ;每个用户程序都必须用 RET 指令结束
2004: (按 Enter 键即结束源程序的输入过程)
```

这就建立了一个从主存 2000h 地址开始的小程序。在这种方式下，所有的数字都约定使用十六进制数，故数字后不用跟字符 h。每个用户程序的最后一个语句一定为 RET 汇编语句。因为监控程序是选用类似子程序调用方式使实验者的程序投入运行的，用户程序只有用 RET 语句结束，才能保证用户程序运行结束时能正确返回到监控程序的断点，保证监控程序能继续控制教学机的运行过程。

下面接着再给出几个程序的例子。

例 F.2 设计一个程序，用次数控制在终端屏幕上输出'0'～'9'这 10 个数字符。

```
A 2020
      MVRD  R2,000A           ;送入输出字符个数
      MVRD  R0,0030           ;'0'字符的 ASCII 码
      OUT   80                ;输出保存在 R0 低位字节的字符
      DEC   R2                ;输出字符个数减 1
      JRZ   202E              ;判 10 个字符输出完否,已完,则转移到程序结束处
      PUSH R0                 ;未完,保存 R0 的值到堆栈中
(2028)IN    81                ;查询接口状态,判字符串行输出完成否
      SHR   R0
      JRNC  2028              ;未完成,则循环等待
      POP   R0                ;已完成,准备继续输出下一字符,从堆栈恢复 R0 的值
      INC   R0                ;得到下一个要输出的字符
      JR    2024              ;转去输出字符
(202E)RET
```

这个程序只使用基本汇编语句。理解中的一个难点，是程序中判串行口是否完成一个字符的输出过程并循环等待的 3 个汇编语句。具体解释见教材《计算机组成与设计》中的有关串行接口的内容。

该程序的执行码放在 2020 起始的连续内存区中。若送入源码的过程中有错，系统会进行提示，等待重新输入正确的汇编语句。输入过程中，在应输入语句的位置直接按 Enter 键即可结束输入过程。

接下来可用 G 2020 命令运行该程序。

思考题：当把 IN 81、SHR R0、JRNC 2028 这 3 个语句换成 4 个 MVRR R0,R0 语句，该程序执行过程会出现什么现象？试分析并实际执行一次。

类似地，若要求在终端屏幕上输出'A'～'Z'共 26 个英文字母，应如何修改例中给出的程序？请验证。

例 F.3 从键盘上连续输入多个属于'0'～'9'的数字符并在屏幕上显示，遇非数字符结束

程序。

从地址2040开始输入下列程序：

```
A 2040
      MVRD  R2,0030              ;用于判数字符的下界值
      MVRD  R3,0039              ;用于判数字符的上界值
(2044)IN  81                     ;判断键盘上是否按了一个键
      SHR  R0                    ;即串行口是否有了输入的字符
      SHR  R0
      JRNC  2044                 ;尚没有输入则循环测试
      IN  80                     ;输入字符读到R0低位字节
      MVRD  R1,    00FF
      AND  R0,  R1               ;将R0的高位字节清0
      CMP  R0, R2                ;判断输入字符是否≥字符'0'
      JRNC  2053                 ;为否,则转到程序结束处
      CMP  R0, R3                ;判断输入字符是否≤字符'9'
      JC  2053                   ;为否,则转到程序结束处
      OUT  80                    ;输出刚输入的数字符
      JMPA    2044               ;转去程序前边2044处等待输入下一个字符
(2053)RET
```

思考题,本程序中为什么不必判别串行口输出是否完成？设计读入'A'～'Z'和'0'～'9'的程序,遇其他字符结束输入过程。

例F.4 计算1～10的累加和。

```
A 2060
      MVRD  R1,0000              ;置累加和的初值为0
      MVRD  R2,000A              ;最大的加数
      MVRD  R3,0000
(2066)INC  R3                    ;得到下一个参加累加的数
      ADD  R1, R3                ;累加计算
      CMP  R3, R2                ;判断是否累加完
      JRNZ  2066                 ;未完,开始下一轮累加
      RET
```

运行过后,可以用R命令看R1中的累加结果。

例F.5 设计一个有读写内存和子程序调用指令的程序,功能是读出指定内存中的大写字母字符,将其显示到屏幕上,转换为小写字母后再写回存储器原存储区域。

```
E 20F0  (送入将被显示的6个字符'A'~'F'到内存20F0开始的存储区域中)

      41 42 43 44 45 46

A 2080
      MVRD  R3,0006              ;指定被读数据的个数
      MVRD  R9,20F0              ;指定被读、写数据内存区首地址
(2084)LDRR   R0,[R2]             ;读内存中的一个字符到R0寄存器
```

```
        MVRD  R8,2100           ;指定子程序地址为 2100
        CALR  R8                ;调用子程序,完成显示、转换并写回的功能
        DEC  R3                 ;检查输出的字符个数
        JRZ  208C               ;完成输出则结束程序的执行过程
        INC  R2                 ;未完成,修改内存地址
        JR  2084                ;转移到程序的 2084 处,循环执行规定的处理
(208C)RET

A 2100                          ;输入用到的子程序到内存 2100 开始的存储区
        OUT  80                 ;输出保存在 R0 寄存器中的字符
        MVRD  R1,    0020       ;转换保存在 R0 中的大写字母为小写字母
        ADD  R0,     R1
        STRR  [R2],R0           ;写 R0 中的字符到内存,地址同 LDRR 所用的地址
(2105)IN  81                    ;测试串行接口是否完成输出过程
        SHR  R0
        JRNC  2105              ;未完成输出过程则循环测试
        RET                     ;结束子程序执行过程,返回主程序
```

运行过程中,可以直接看到屏幕上显示的内容,运行过后,再用 D 20F0 命令看内存的 20F0 区域中保存的运行结果:

```
0061 0062 0063 0064 0065 0066
```

上述 5 个例子,都是用监控程序的 A 命令完成输入源汇编程序的。在涉及汇编语句标号的地方,不能用符号表示,只能在指令中使用绝对地址。使用内存中的数据,也由程序员给出数据在内存中的绝对地址。显而易见,对这样的短小程序矛盾并不突出,但很容易想到,当设计很大的程序时,一定会有较大的困难。

5) 实验报告要求

实验报告中,大家应对照实验目的和要求,记录实验过程和实验结果,总结在汇编语言中使用的寻址方式和指令格式、指令的执行过程。另外,如有可能,谈谈在实际的 TEC-2000 教学计算机上完成这个实验和在软件模拟环境下完成的实验有什么相同和不同之处,以及你对这种实验手段的看法。

附录 G BASIC 语言程序设计

为教学计算机系统配备高级语言，也许对讲授和学习计算机组成原理课程并没有直接的意义，但我们还是实现了，理由有以下 3 点。

(1) 要求教学计算机系统支持高级语言程序设计是追求的目标之一，用 BASIC 程序检查教学机运行的正确性要更方便、但也更为苛刻一些。

(2) 用于 BASIC 解释执行程序中的许多子程序，如实现浮点数据比较、计算、常用函数计算的子程序，对学习浮点数据的处理方法很有帮助。

(3) 对理解计算机软件系统的层次结构，特别是几个层次的语言(机器语言、汇编语言、高级语言)的功能和用法上的同异之处也很有效，不妨用 BASIC 语言写几个小的程序，体会一下高级语言和汇编语言在处理能力和使用的方便程度等方面的区别。

1. BASIC 语言解释程序功能和程序设计

1) 实现与运行

(1) BASIC 语言的解释执行程序是用教学计算机的指令系统设计的，已经保存在主存储器 ROM 区的监控程序之后，起始地址是十六进制的 0A30 单元。

(2) 在监控程序启动之后，通过 G 0A30 命令启动该 BASIC 解释程序。

2) 实现的功能

BASIC 解释程序负责处理与用户的接口，即循环处理、执行即时命令和 BASIC 语言的语句。

已经实现的即时命令包括以下几个。

new	清除内存缓冲区已有内容，准备输入一个新的 BASIC 程序。
run	运行已输入的 BASIC 程序。
delete	删除 BASIC 程序中的指定行号的语句。
list	显示输入的一个 BASIC 程序所有语句。
system	退回监控系统。

已经实现的语句包括以下几个。

let	为变量赋值，该语句名通常可以省略。
dim	定义数组变量。
input	从键盘向变量输入新值。
print	把常量、变量的值显示到计算机的屏幕上。

for…next　　　　建立一段循环执行的程序段。
goto　　　　　　跳转到指定的标号处。
gosub　　　　　 调用指定标号的子程序。
return　　　　　子程序返回。
end　　　　　　 程序结束。

表达式处理如下。

可用的运算符：+(加)，-(减)，*(乘)，/(除)，\(整除)，^(乘方)，mod(取模)。

可用的关系符：>(大于)，>=(大于等于)，<(小于)，<=(小于等于)，<>(不等于)。

可用的逻辑运算符：not(取反)，and(与运算)，or(或运算)，xor(异或运算)。

可用的函数：sin(正弦)，cos(余弦)，tan(正切)，atan(反正切)，log(10 为底的对数)，exp(10 为底的指数)，sgn(取数的符号位)，abs(绝对值)，int(取整)，sqr(开平方)。

3) 用到监控程序中的子程序

057fh：显示一串字符；056bh：显示一个字符；0589h：输入一串字符。

4) 程序处理的大体思路

对于输入的每个语句或命令，是通过检查是否带有行号来区分的，若有行号就转到程序语句处理部分；否则转即时命令处理部分。

命令和语句输入与执行规则如下。

(1) 即时命令输入后可以直接运行。

(2) 程序语句前面需要有行号，如果只输入一个行号后面没有语句，则此行号无效。如果原来存在以此行号为标识的语句，则删除原语句。

(3) 输入完一个 BASIC 程序之后，通过 run 命令运行这个程序。

(4) 语句格式：行号(16bit)，语句内容，语句按行号排序顺序存储。

BASIC 语言的解释执行程序的流程为一循环，前面先把堆栈指针位置记录下来。在循环中，先判断当前语句是否为空，若为空就结束执行。然后查看当前是否为一新行，或是冒号。若为一个新行，则将下条指令的地址算出，存入相应的内存单元。然后判断是否为一条空语句，如是则转入下一个循环。最后检查是哪一条语句，转入相应处理。在每个循环的最后要检查结束标志是否设置，如设置则转到结束处理过程。

2. BASIC 语言的程序例子

下面给出用 BASIC 语言设计的 6 个小程序的例子，包括实现整数排序、河内塔问题、求素数的问题、8 皇后问题、验证哥德巴赫猜想、计算三角(正弦)函数等功能的程序，请注意，这些程序最终是通过教学计算机的指令系统执行的。给出这几个程序的目的，是让大家初步学习使用最简单的高级语言完成程序设计的过程和方法，体会高级语言和汇编语言在语句格式和功能等方面的区别，体会使用高级语言设计程序的优越性。

(1) 这是一个完成整数排序功能的程序，要求首先输入 5 个参加排序的整数数值，接下来完成对这 5 个整数的排序操作，并输出最终的排序结果。

```
10  for i=1 to 5
20  input a(i)
30  next i
```

```
40  for i=1 to 4
50  for j=i+1 to 5
60  if a(i)>a(j)  then  b=a(i)  :  a(i)=a(j)  :  a(j)=b
70  next j
80  next i
90  for i=1 to 5
100  print a(i)
110  next i
120  end
```

(2) 这是一个求素数的程序,即在指定的数据(100)范围内,找出除了能被1和这个数本身整除之外,不会再被另外的数整除的全部正整数,并将结果显示在计算机屏幕上。

```
10  dim a(100)
20  for i=2 to 100
30  j=i
40  j=j+1
50  if  i*j<100 then a(i*j)=1  :  goto 40
60  next i
70  for i=2 to 99
80  if a(i)=0 then print i,
90  next i
100  end
```

(3) 这是一个解决河内塔问题的程序,要求把从大到小自底向上叠起来的几个盘子,从当前位置移动到另一个位置,条件是必须保证在任何时刻不得出现大盘子压在小盘子上面的情形,在移动的过程中,还会用到另一个缓冲位置,以便临时存放中间结果。

```
10  dim src(10),  dst(10),  tmp(10)
20  input n
30  i=n  :  src(n)=1  :  dst(n)=2  :  tmp(n)=3
40  i=i-1  :  src(i)=src(i+1)  :  dst(i)=tmp(i+1)  :  tmp(i)=dst(i+1)
50  if i>0 then 40
60  i=i+1  :  if i>n then end
70  if src(i-1)<>src(i)then 60
80  print src(i);  "--->";  dst(i),
90  i=i-1  :  src(i)=tmp(i+1)  :  dst(i)=dst(i+1)  :  tmp(i)=src(i+1)
100  if i>0 then 40
110  goto 60
```

(4) 这是一个解决8皇后问题的程序,是在8行×8列的棋盘上,以相互不能“吃子”的方式放进8个皇后棋子,即在任何一个横排、竖列、对角线的方向上,都不得同时出现两个皇后棋子,把全部可行结果排列出来,并显示在计算机屏幕上。

```
10  dim colstate(7),  fdiagstate(14),  bdiagstate(14),  queenpos(7)
20  i=0  :  count=0
30  queenpos(i)=0
```

```
40  if colstate(queenpos(i))+fdiagstate(i-queenpos(i)+7)+bdiagstate(i+queenpos
    (i))>0 then 170
50  colstate(queenpos(i))=1  :  fdiagstate(i-queenps(i)+7)=1  :  bdiagstate(i+
    queenpos(i))=1
60  if i<7 then i=i+1  :  goto 30
70  count=count+1
80  print  :  print "Result:" ; count; ":"
90  j=0
100  k=0
110  if k=queenpos(j)then print "0" ;  :  goto 130
120  print"." ;
130  k=k+1 : if k<8 then 110
140  print
150  j=j+1 : if j<8 then 100
160  colstate(queenpos(i))=0  :  fdiagstate(i-queenps(i)+7)=0  :  bdiagstate(i
+queenpos(i))=0
170  queenps(i)=queenps(i)+1  :  if queenpos(i)<8 then 40
180  i=i-1  :  if i>=0 then 160
190  print  :  print "Total results:" ; cout
200  end
```

(5) 这是一个在数值 100 范围内验证哥德巴赫猜想的程序，即任何一个大于 2 的偶数都等于另外两个素数之和，把验证的结果显示在计算机屏幕上。

```
10  for i=4 to 100 step 2
20  for j=i to i-2
30  n=j
40  gosub 200
50  if p=0 then 100
60  n=i-j
70  gosub 200
80  if p=0 then 100
90  print I ; " = " ; " + " ; n ,  :  goto 100
100  next j
110  next i
120  end
200  p=0
210  if n/2 <2 then 250
220  for k=2 to n/2
230  if n mod k =0 then 260
240  next k
250  p=1
260  return
```

(6) 这是一个计算正弦三角函数的程序，将 0～360°范围内的正弦曲线显示在计算机屏幕上的程序。

```
10  pi=3.14159
20  for i=0 to 20
30  angle=pi * i/10
40  for  j=1 to 40+25 * sin(angle)
50  pring"" ;
60  next j
70  print" * "
80  next i
90  end
```

参 考 文 献

[1] 宋佳兴，王诚. 计算机组成与体系结构(第 3 版)——基本原理、设计技术与工程实现. 北京：清华大学出版社，2017.

[2] 王诚，刘卫东，宋佳兴. 计算机组成与设计. 3 版. 北京：清华大学出版社，2008.

[3] 王诚，刘卫东，宋佳兴. 计算机组成与设计实验指导. 3 版. 北京：清华大学出版社，2008.

[4] 朱子玉，李亚民. CPU 芯片逻辑设计技术. 北京：清华大学出版社，2005.

[5] 路尔红，王曼珠，梁维铭. 可编辑器件应用开发指南. 北京：人民邮电出版社，2014.